用AI做短视频

文案脚本+素材生成
+
特效剪辑+平台运营

白鹤龙
◉
编著

人民邮电出版社

北　京

图书在版编目（CIP）数据

用 AI 做短视频：文案脚本+素材生成+特效剪辑+平台
运营 / 白鹤龙编著. -- 北京：人民邮电出版社，2025.
ISBN 978-7-115-66697-0

I. TN948.4；F713.365.2

中国国家版本馆 CIP 数据核字第 2025UC2074 号

内 容 提 要

本书主要介绍如何结合各类 AI 工具创作短视频，包括策划、剪辑和包装运营中的各个环节，从而帮助读者快速创作出高质量的短视频作品。

本书共 10 章。第 1 章介绍选题策划的基本知识和大语言模型类 AI 工具的使用技巧；第 2 章和第 3 章结合当下较热门的 AI 工具，讲解使用 AI 工具快速创作脚本和文案的基本流程；第 4 章至第 8 章分别从素材拍摄、素材生成、视频制作、AI 剪辑和字幕音效等角度，讲解结合 AI 工具进行短视频创作的方法；第 9 章和第 10 章则结合实际案例讲解账号运营的基础知识和使用 AI 工具进行账号包装、引流营销的方法。书中提供了大量的实用案例，读者可以参考并模仿操作。

本书内容结构清晰，案例丰富，实操性强。本书适合电商运营、自媒体创作、新媒体运营等相关从业者阅读学习，可以帮助读者轻松应对工作、学习、生活中的各种挑战。

◆ 编　　著　白鹤龙
　　责任编辑　王　冉
　　责任印制　陈　犇

◆ 人民邮电出版社出版发行　　北京市丰台区成寿寺路 11 号
　　邮编　100164　　电子邮件　315@ptpress.com.cn
　　网址　https://www.ptpress.com.cn
　　雅迪云印（天津）科技有限公司印刷

◆ 开本：700×1000　1/16
　　印张：15　　　　　　　　　　2025 年 7 月第 1 版
　　字数：297 千字　　　　　　　2025 年 7 月天津第 1 次印刷

定价：69.90 元

读者服务热线：(010)81055410　印装质量热线：(010)81055316
反盗版热线：(010)81055315

▷ 前言
Preface

在这个日新月异的时代，人工智能（Artificial Intelligence，AI）已经从科幻小说中的概念转变为日常生活的一部分。它深刻改变了我们的工作方式，也极大丰富了我们的生活体验。随着技术的进步，越来越多的AI工具应运而生，它们不仅能够帮助我们更高效地完成任务，还能激发新的创意和灵感。

内容框架

本书第1章首先带领读者了解和认识短视频的选题策划和大语言模型类AI工具。通过学习此章内容，无论是初学者还是有一定基础的读者，都能建立起将短视频与AI工具结合起来的基本框架。

第2章和第3章讲解结合AI工具进行短视频脚本、文案创作的方法，不仅详细描述每款工具的独特之处、核心优势，还提供丰富的实际应用场景示例，帮助读者理解如何将这些工具融入短视频脚本文案的制作中。

第4章至第8章从多个应用场景出发，结合大量的案例，讲解AI工具在短视频的素材生成、制作和剪辑等方面的应用。

第9章和第10章介绍账号运营的基础知识和使用AI工具进行账号包装、引流营销的技巧。这部分内容对于希望进一步拓展AI工具的使用范围，对账号包装还不够了解、想提升账号转化率的读者来说具有参考价值。

本书特色

● 涉及14个AI工具，全面解读热门AI工具

本书介绍的DeepSeek、文心一言、Midjourney、海螺AI、可灵等都是目前国内外热门的AI工具，它们功能强大、各具特色，能够满足不同用户的多样化需求。

● 多个应用场景，覆盖各类AI应用需求

本书内容涵盖当前短视频的各个应用领域，并结合多种AI工具，从选题策划、脚本文案、拍摄剪辑到最后的账号包装运营等进行讲解，确保读者能够一站式掌握短视频制作的全流程和各种AI工具。

● 51个实战案例，助力读者快速掌握AI工具使用技法

本书通过大量的实战案例展示AI工具在短视频领域的应用思路和使用方法，让读者能够直观地看到AI工具在短视频制作中的实际工作流程和成效。

● 配备教学视频，带领读者轻松迈入AI时代

本书配备教学视频，详细演示AI操作的各个步骤，确保读者能够轻松入门、快速精通，全面迈入AI新时代。

面向读者

本书适合所有对AI工具感兴趣的读者，无论是初学者还是有一定基础的人士，都能从中找到有价值的内容。对于专业人士，本书不仅可以作为参考书使用，更能启发新的思考；对于普通读者，本书则是一扇通往新知的大门，能够带领大家探索未知，享受学习的乐趣。

在这个充满挑战与机遇的时代，希望本书能够成为你的良师益友，陪伴你一同成长，共同探索更加广阔的世界。

写在最后

需要注意的是，本书中问答模块的回答部分均由AI工具自动生成，受限于篇幅且考虑到易读性，对于有些内容编者会在原回答的基础上做一定精简或修改。对于本书中一些简单且重复步骤较多的案例，编者仅直接展示案例而不做细致的步骤讲解。

另外，AI工具生成的内容难免有纰漏，建议读者在使用的过程中注意甄别。

特此说明。

白鹤龙

2025年6月

目录

Contents

第 4 章 素材拍摄：
手机也能拍出大片效果

第 5 章 素材生成：
AI 工具快速生成各种素材

第 6 章 视频制作：
巧用 AI 功能快速出片

第 7 章 AI 剪辑：
视频素材高效处理

第 8 章 字幕音效：
智能识别、批量生产

第 9 章　账号包装：
精准吸引更多用户

第 10 章　引流营销：
吸引大众观看，提升播放量

第1章

选题策划：

选择直击用户痛点的视频主题

选题策划是指选择短视频内容涉及的领域、涵盖的内容、传达的意图等，好的选题策划能够成就好的视频效果。在制作短视频之前，创作者应进行选题策划，选择直击用户痛点的视频主题，以吸引用户观看短视频。

1.1 了解选题的相关内容

短视频的选题策划相当于为短视频创作选择一个赛道，进行什么样的比赛项目、选择什么样的协助器材、取得怎样的比赛成绩等，都取决于选择的赛道。选题决定了短视频创作的一系列工作。

赢得选题优势相当于获得了优先出发的机会，因此创作者有必要了解选题的相关内容，如选题方向、选题原则、选题准则和注意事项等。

1.1.1 选题方向

确定选题方向是指为短视频创作选择一个指向标，这个指向标可以帮助创作者了解短视频的定位，从而精准策划短视频。

选题方向可以简单分为3类，分别是需求型选题、热点型选题和搜集型选题。

- **需求型选题：** 着重关注用户的需求或问题并提出解决方案，吸引用户观看。
- **热点型选题：** 热点即大家都在讨论、关注的话题，将其与创作者的灵感相结合，获得热点自带的曝光流量，也能做出热门短视频。
- **搜集型选题：** 汇总用户在解决某件事时需要的信息素材。例如学生——考证时间、职场人——PPT模板网站、父母——某市"小升初"择校介绍。

创作短视频时可以参考表1-1所示的14类选题。

表1-1

选题类型	细分领域
剧情类	搞笑情节、街坊邻里相处、甜蜜爱情、幸福生活、朋友相处等
娱乐类	舞蹈表演、歌唱展示、明星艺人相关等
影视类	影视改编、影视混剪、综艺剪辑、电影解说、影评、影视推荐等
生活类	情感、美食、穿搭、美妆、母婴、育儿、养生等
知识类	技术流、独特手艺、知识分享等
文化类	书法、美术、国学、哲学、历史、"二次元"等
商业类	技能分享、测评等
资讯类	各行业资讯、时事热点等
三农类	与农民、农村、农业相关的产品或服务推荐等
科技类	科技产品分析、科技实验展示、科学术语讲解、科技创新等

（续表）

选题类型	细分领域
军事类	军事新闻、军事解说、军事历史等
游戏类	网络游戏、竞技游戏、创意游戏解说或分享等
宠物类	宠物日常、宠物表演等
体育类	体育赛事剪辑、体育新闻、体育解说等

在上述选题类型中，前4类占据了短视频内容的大部分。对短视频创作者而言，这些内容也是比较容易入门的，若创作者没有确定的选题方向，可以从中挑选合适且感兴趣的选题类型进行短视频创作。

1.1.2 选题原则

掌握选题原则可以帮助短视频创作者在确定选题时少走弯路，更快地开始进行短视频创作。短视频创作者应遵循3个选题原则，分别是以用户为导向、输出价值和匹配定位。

1. 以用户为导向

以用户为导向主要指创作者在选题时应坚持以满足用户的需求为前提。具体而言，创作者遵循以用户为导向的原则，需要明确用户喜好和痛点。例如，某位短视频创作者将面条沥水时不掉面条的小技巧作为自己短视频的内容，为那些不常做饭的新手提供帮助，如图1-1所示。

2. 输出价值

短视频的选题必须具备一定的价值，即短视频的内容是对用户有用的，或可增长见识，或可获得经验，又或者可以满足其精神需求等。总而言之，观者看完短视频之后，多少都会有所启发。即使是搞笑类的视频，也提供了让观者快乐和放松的价值，能够让观者休息时放松自己，如图1-2所示。

图 1-1

3. 匹配定位

匹配定位的原则是指确保内容的精准性，即创作者的视频内容应与自己的账号定位相同。例如，某位创作者将自己的视频定位为美食分享，如图1-3所示，那么选题方向则主要为生活类的美食领域，而非其他领域。这体现了短视频行业中常说的内容有垂直度，有助于增加用户的关注。

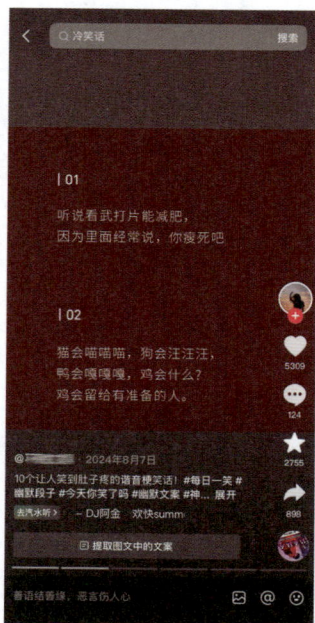

图1-2　　　　　　　　　　　　　　图1-3

1.1.3　选题准则

大多数人发布短视频都是为了获取一定的利益，最为常见的目标便是获得经济利益。而要实现这一目标，创作者需要在短视频的选题上多下功夫。在确定选题方向、遵循选题原则的基础上，创作者还可以按照以下3个准则进行选题。

1. 以内容确定目标受众

创作者在确定好视频的选题之后，还需要确定目标受众。就像作者在创作文学作品时会虚构出"隐含读者"一样，短视频的创作者也需要虚构出一定的目标受众，即解决发布这条视频主要给哪类人群观看的问题。

例如，短视频创作者的选题是苏州各种人文景观、当地特色的分享，如图1-4所示，因此该视频的目标受众就是想要去苏州旅行并感受江南风情的人群。

2. 确定运营目标

短视频创作者创作出优质的视频，并且持续不断地更新视频内容，最为主要的动力是达到运营目标。不同类型的视频选题有不同的运营目标，如剧情类视频的选题主要目的多是通过传达情感价值来获得用户的关注；生活类视频的选题主要是通过分享生活知识来获得用户的信任，如图1-5所示，从而为短视频带来更多的流量。

图1-4

图1-5

3. 选题贴近大众生活

若短视频创作者想要快速地获取流量或利益，可以考虑贴近大众生活的选题。从大众的口味出发，创作出大众喜闻乐见的视频。大众最感兴趣的就是情感类短视频，关于友情、亲情、爱情这3类情感问题的视频大多会引起人们的关注，在短视频平台上连载的各种情感短剧就是大众偏爱情感类短视频的有力证明。

因此，短视频创作者可以从这一角度出发，设计出关于情感的故事情节来制作短视频。例如设计祖孙三代在家中聊天的情节，如图1-6所示，以获得更多的用户关注，为视频带来更多的流量。

图1-6

1.1.4 注意事项

短视频创作者在遵循前面介绍的原则、准则的情况下进行选题策划，可以使工作事半功倍，但在选题策划的过程中，还需要注意一些"雷区"。选题策划的注意事项如图1-7所示。

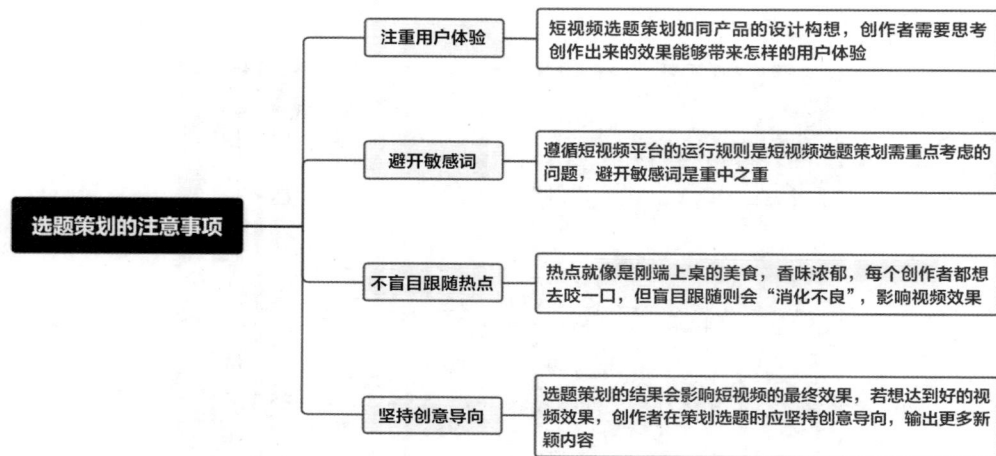

```
                            ┌─────────────┐   ┌─────────────────────────────────────┐
                            │ 注重用户体验  │───│ 短视频选题策划如同产品的设计构想，创作者需要思考 │
                            └─────────────┘   │ 创作出来的效果能够带来怎样的用户体验          │
                            ┌─────────────┐   ┌─────────────────────────────────────┐
                            │ 避开敏感词    │───│ 遵循短视频平台的运行规则是短视频选题策划需重点考虑的 │
┌───────────────┐           └─────────────┘   │ 问题，避开敏感词是重中之重                 │
│ 选题策划的注意   │──┤                          
│ 事项          │           ┌─────────────┐   ┌─────────────────────────────────────┐
└───────────────┘           │ 不盲目跟随热点 │───│ 热点就像是刚端上桌的美食，香味浓郁，每个创作者都想 │
                            └─────────────┘   │ 去咬一口，但盲目跟随则会"消化不良"，影响视频效果  │
                            ┌─────────────┐   ┌─────────────────────────────────────┐
                            │ 坚持创意导向   │───│ 选题策划的结果会影响短视频的最终效果，若想达到好的视 │
                            └─────────────┘   │ 频效果，创作者在策划选题时应坚持创意导向，输出更多新 │
                                             │ 颖内容                            │
                                             └─────────────────────────────────────┘
```

图1-7

1.1.5 建立选题库

短视频创作者若想持续输出有价值的视频内容，可以建立自己的选题库，以指导视频内容的创作。一般而言，有3种可参考的选题库，如图1-8所示。

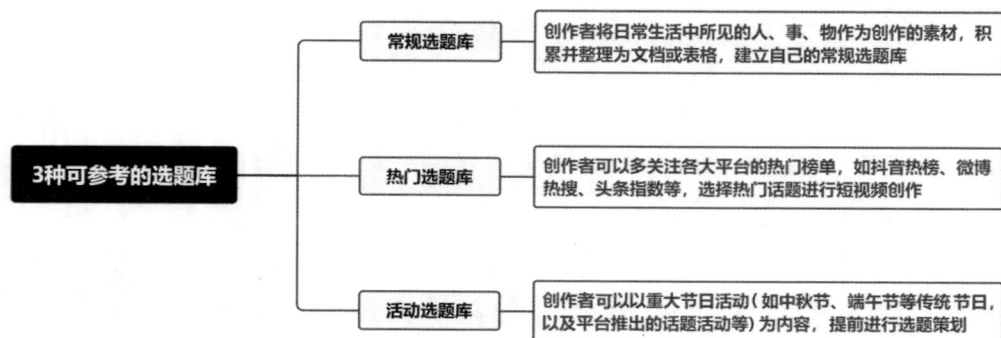

```
                            ┌─────────────┐   ┌─────────────────────────────────────┐
                            │ 常规选题库    │───│ 创作者将日常生活中所见的人、事、物作为创作的素材，积 │
                            └─────────────┘   │ 累并整理为文档或表格，建立自己的常规选题库       │
┌───────────────┐           ┌─────────────┐   ┌─────────────────────────────────────┐
│ 3种可参考的选题库 │──┤ 热门选题库    │───│ 创作者可以多关注各大平台的热门榜单，如抖音热榜、微博 │
└───────────────┘           └─────────────┘   │ 热搜、头条指数等，选择热门话题进行短视频创作      │
                            ┌─────────────┐   ┌─────────────────────────────────────┐
                            │ 活动选题库    │───│ 创作者可以以重大节日活动（如中秋节、端午节等传统节日，│
                            └─────────────┘   │ 以及平台推出的话题活动等）为内容，提前进行选题策划   │
                                             └─────────────────────────────────────┘
```

图1-8

例如，中秋节来临之际，有短视频创作者以此为主题，提前策划出与中秋节相关的视频内容进行庆祝，如图1-9所示。

▶ **提示**

常规选题库、热门选题库、活动选题库可以基本满足所有短视频创作者的需求，但创作者在具体的实践中应融入自己的视频创作风格，以保证视频内容的独特性与创意性。

图1-9

1.2　专题策划

在确定选题后，创作者根据情况还可以尝试做一些专题策划。一方面，专题策划可以提升账号的垂直度；另一方面，专题策划能够产出更多相关的内容，也更容易留住用户。

进行专题策划主要有3种方式：一是针对网络上的热门现象做专题策划；二是针对原生内容做专题策划；三是针对可预见的重大事件做专题策划。

1.2.1　热门现象

有关热门现象的短视频一直深受观众喜爱。比如，在过年期间，相亲一直是大家提及较多的话题，因此可以在过年时做几期与相亲相关的系列专题，如图1-10所示。

图1-10

1.2.2 原生内容

除了针对网络上的热门现象，短视频创作者还可以根据短视频平台中的原生内容话题进行专题策划，对相关的内容进行整合创作。

学习技能类就属于原生内容话题，创作者可以将这些内容整合起来做专题策划。比如可以专门设置假期书单、月份书单、评分书单等专题，如图 1-11 所示；还可以做"一人食"专题、轻食指南等，如图 1-12 所示。

图 1-11

图 1-12

1.2.3 可预见的重大事件

像国庆节、"双十一"购物节、春节、中秋节等都是可预见的重大事件，因此创作者可以提前进行内容策划，如图 1-13 所示。另外，当创作者就相关话题创作视频时，内容一定要与自己的账号定位相关，不可为了追逐热点而忘记了账号的垂直度。

图 1-13

1.3 大语言模型类AI工具的使用方法

在短视频创作的过程中，许多创作者都会选择使用大语言模型类AI工具辅助进行创作，大语言模型类AI工具的适当运用可以使短视频的选题策划更加精准，更加满足观众需求。接下来将深入探讨大语言模型类AI工具的基本用法，帮助读者了解如何使用AI工具进行选题策划。

1.3.1 大语言模型类AI工具的基本用法

本小节主要介绍使用大语言模型类AI工具时必须掌握的一些基本操作和技巧，让AI 的回答更符合用户的需求。

1. 指令

大部分大语言模型类AI工具都包含输入框，在输入框中输入想说的话或提出各种需求时，输入的文字内容就是指令（Prompt），一条优秀的指令应包括图 1-14所示的信息。用户的需求越明确，AI的回答也就越准确。

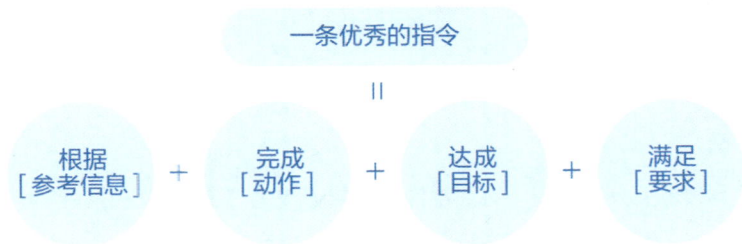

图 1-14

参考信息：包含AI完成任务时需要知道的必要背景和材料，如报告、知识、数据库、对话上下文等。

动作：需要AI解决的事情，如撰写、生成、总结、回答等。

目标：需要AI生成的目标内容，如答案、方案、文本、图片、视频、图表等。

要求：需要AI遵循的任务细节要求，如按××格式输出、按××语言风格撰写等。

一条优秀的指令应清晰、明确且具有针对性，能够准确引导模型理解并回答问题。使用模糊的指令很难得到合适的回答，如"写一首山和树林的诗""下面的题帮我讲一下""撰写一篇有关大语言模型可信性的论文"等，在提问时应避免模糊的表述。

对上述举例的指令进行优化修改。比如，将"写一首山和树林的诗"修改为"请以唐代诗人的身份，在面对黄山云海时，根据已有唐诗数据，撰写一篇作者借景抒情感叹人生不得志的七言绝句，并严格满足七言绝句的格律要求。"，如图 1-15 所示。

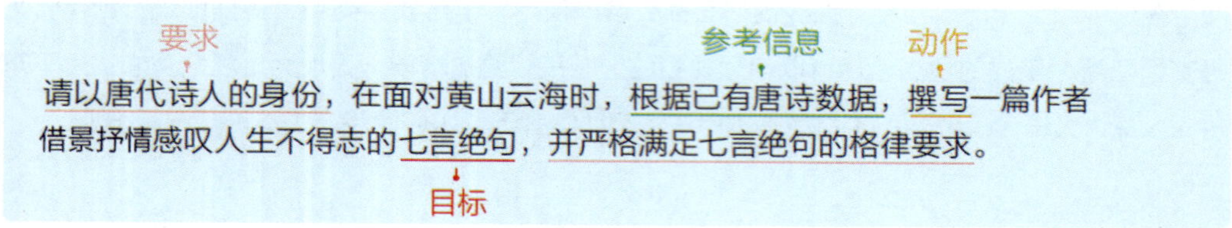

图 1-15

　　将"下面的题帮我讲一下"修改为"请以高中数学老师的身份，在高中课堂上，根据《高中数学必修一》内容，逐步解答学生关于集合的数学问题，并给出解题步骤及相关知识点。"，如图 1-16 所示。

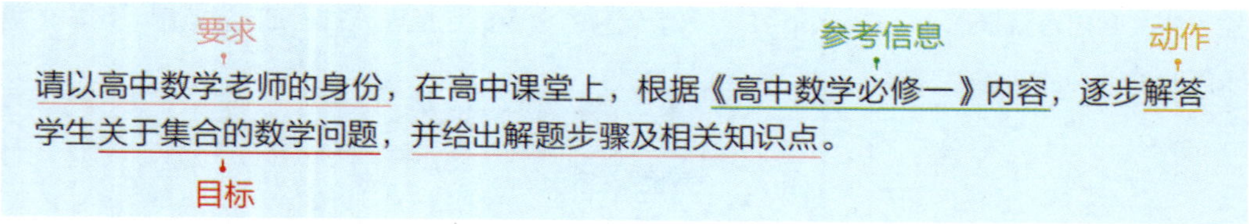

图 1-16

　　将"撰写一篇有关大语言模型可信性的论文"修改为"请根据已发表的关于大语言模型可信性的相关文献，撰写一篇系统梳理大语言模型可信性相关研究现状以及未来挑战的综述论文，并且严格遵循《计算机学报》投稿格式。"，如图 1-17 所示。

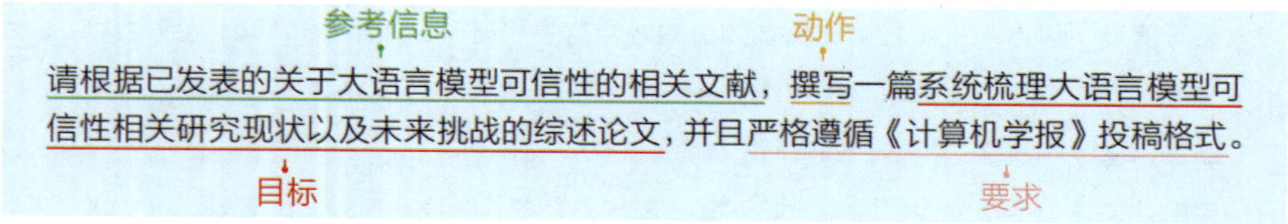

图 1-17

在输入指令时还应注意以下几点。

- **避免提出开放性问题**：指令应具体、明确，不要使用模糊、不确定的词语，例如好像、可能、也许、大概等。
- **合理增加细节**：根据不同的场景和人物在指令中合理增加细节，为 AI 提供合适的指引和帮助。

- **明确要求：** 要求明确可以使AI快速、准确地完成任务。
- **多语言适配：** 如果涉及多语言环节，用户应该考虑不同语言之间的差异和翻译问题，以确保指令的准确性和可用性。
- **避免提出太复杂的问题：** 太复杂的问题可能导致指令不清晰或逻辑冲突。

2. 温度指令

AI工具生成的文案虽然严谨，但略显死板、单调。如果想让AI工具的回复更灵活，可以使用温度指令，以DeepSeek为例，用户可以在指令的结尾加上温度指令"温度为x"或"请以x的温度生成答案"。其中x为数值，一般设置为0.1～2。x的数值设置得越低，DeepSeek的回答越稳重严谨，数值设置得越高则回答越"天马行空"。

在DeepSeek中输入"请写一段关于猫的描述"并发送，生成的描述如下。

Q 请写一段关于猫的描述

A 猫，总是带着一种神秘而优雅的气质。它们的步伐轻盈，仿佛踩在无形的云朵上，随时准备在静谧中爆发出强大的力量。柔软的毛发在阳光下闪烁着细腻的光泽，眼睛如同两颗璀璨的宝石，时而慵懒地半眯，时而锐利地捕捉周围的一切动静。那低沉的咕噜声，像是某种古老的语言，传递着安逸与信任。而每一次轻柔的跳跃，每一个优雅的伸展，都让人不禁感叹，这小小的生灵仿佛天生便是自然与美的化身。

加上温度指令，在DeepSeek中输入"请写一段关于猫的描述，温度为2"并发送，生成的描述如下。

Q 请写一段关于猫的描述，温度为2

A 猫，像是夜晚的幽灵，忘在无声无息中游走。它们的身影如水般柔滑，一抹光影中，眼睛闪烁着冷冽的光辉，仿佛能看穿一切。每一个步伐都带着无尽的自信与从容，它们并不在乎世间的喧嚣，仿佛只为自己而存在。毛发在微风中轻轻飘动，尾巴高高翘起，如同某种高贵的旗帜。它们的眼神，带着神秘与冷漠，偶尔抬眸间，又透出一丝好奇与嘲弄，让人不禁觉得，它们也许比我们知道更多的秘密。

可以看到，两个描述之间的差别非常明显，没有温度指令时生成的描述比较生硬，添加温度指令后生成的描述更具想象力。

▶ 提示

不同的大语言模型类AI工具使用的温度指令不同，使用温度指令的方法也不尽相同，具体AI工具的温度指令可以在相应官网查询。

3. 提问结构

同样是使用大语言模型类AI工具生成答案，无效提问和有效提问获得的答案质量可以说是天壤之别。在提问时使用提问结构，能够明确创作者的需求，丰富提问背景，从而更容易获得高质量的答案。

无效提问一般较为简短，只有干巴巴的一个需求。以DeepSeek为例，向它提问："我要去长沙旅游，帮我推荐一些景点"，DeepSeek的回答如下，可以发现，DeepSeek生成的答案与用户自己使用搜索引擎获得的结果没有太大区别。

Q 我要去长沙旅游，帮我推荐一些景点

A 长沙是一个充满历史文化和现代活力的城市，一天的行程可以结合历史名胜与现代休闲场所。以下是一些适合你从五一广场附近出发的景点推荐。

岳麓山与岳麓书院

推荐理由：岳麓山是长沙著名的自然景区，山上有历史悠久的岳麓书院，被誉为"中国四大书院"之一。爬山途中可以欣赏自然景观和城市风光，非常适合喜欢文化和自然的游客。

交通：从五一广场打车或乘坐地铁前往，20～30分钟车程。

游览时间：2～3小时。

橘子洲

推荐理由：橘子洲是湘江的一个岛屿，是长沙的地标之一。漫步洲头可以欣赏湘江美景，十分适合散步和拍照。每周六晚上还有音乐喷泉和烟花表演，夜景也很美。

交通：从五一广场步行或乘坐地铁2号线到橘子洲站下车。

游览时间：1.5～2小时。

太平街与坡子街

推荐理由：这是长沙的老街区，保留了许多古建筑和传统街巷风貌。太平街有很多老字号店铺，可以品尝到地道的湖南小吃。坡子街则是著名的美食街，可以尝到长沙臭豆腐、糖油粑粑等特色小吃。

交通：距离五一广场很近，可以步行到达。

游览时间：1~1.5小时。

长沙博物馆与湖南博物院

推荐理由：如果对历史文化感兴趣，可以选择参观这两个博物馆。湖南博物院有马王堆汉墓的文物展示　长沙博物馆则以本地历史文化为主，展示了丰富的文物和艺术品。

交通：湖南博物院距离五一广场约15分钟车程，长沙博物馆相对较近。

游览时间：每个博物馆1.5~2小时。

国金中心与黄兴路步行街

推荐理由：国金中心是一座现代化购物中心，顶层有一座巨大的卡通雕像，非常适合打卡拍照。黄兴路步行街与五一广场相邻，是长沙的购物和餐饮中心，可以逛街购物或品尝各种小吃。

交通：步行即可到达。

游览时间：自由安排，逛街1~2小时。

推荐行程（宽松版）如下。

上午：游览岳麓山与岳麓书院

中午：返回市区，在太平街或坡子街享受地道午餐

下午：游览橘子洲，参观湖南博物院（如有时间）

晚上：在国金中心和黄兴路步行街逛街购物，体验长沙夜生活

这样安排可以让你在一天内既感受到长沙的历史底蕴，又能体验城市的现代活力。如果你想用更多时间休闲漫步，也可以减少景点的数量。

优化提问方法，在DeepSeek中输入"我要在10月1日去长沙旅游，为期一天，住在五一广场附近。请你作为一名资深导游，帮我制订一份旅游计划，包括详细的时间、路线和用餐安排。我希望时间宽松，不用太过奔波。另外，请写出乘车方式"并发送，得到的回答如下。

Q　我要在10月1日去长沙旅游，为期一天，住在五一广场附近。请你作为一名资深导游，帮我制订一份旅游计划　包括详细的时间、路线和用餐安排。我希望时间宽松，不用太过奔波。另外，请写出乘车方式

Ⓐ 以下是为你设计的宽松长沙一日游计划，确保你能充分体验长沙的历史文化和美食，同时不会太过紧凑奔波。

旅游计划：长沙一日游（10月1日）

7:30—8:30 早餐：黄兴路步行街

推荐餐厅：选择黄兴路或太平街附近的老长沙早餐店，享受本地特色小吃，如米粉、油条、豆浆、糖油粑粑等。

交通方式：步行（从五一广场附近出发，步行5～10分钟即可到达黄兴路步行街）。

建议时间：1小时。

9:00—11:00 游览：岳麓山与岳麓书院

游览亮点：岳麓书院、爱晚亭、山顶观景。

岳麓山是长沙的自然与文化结合的代表，岳麓书院是中国古代著名的学府，历史悠久，环境幽静。爬山途中可以欣赏自然风光，远眺湘江与城市全景。

交通方式：乘坐地铁2号线（五一广场站 -> 橘子洲站），然后步行或乘坐缆车上山。

建议游览时间：约2小时。

11:30—12:30 午餐：坡子街

推荐餐厅：坡子街是长沙美食聚集地，推荐你品尝长沙特色小吃，如臭豆腐、剁椒鱼头、小龙虾等。坡子街的"火宫殿"是长沙本地特色小吃的老字号，值得一试。

交通方式：打车或地铁2号线（橘子洲站 -> 五一广场站），步行5～10分钟即可到达坡子街。

建议时间：1小时。

13:00—14:30 游览：橘子洲

游览亮点：湘江两岸风光、橘子洲花园。

这里是湘江中的一座岛屿，也是长沙的地标之一。你可以沿着步道漫步，享受江边的清新空气，拍照留念。

交通方式：乘坐地铁2号线（五一广场站 -> 橘子洲站），然后步行进入橘子洲。

建议游览时间：1.5小时。

15:00—16:30 游览：湖南博物院

游览亮点：马王堆汉墓文物、湖南文化展示。

湖南博物院是中国顶级博物馆之一，展出包括马王堆汉墓出土的丰富文物，是了解湖南历史文化的理想之地。

交通方式：从橘子洲打车前往，约15分钟车程。

建议游览时间：1.5小时。

17:00—18:30 晚餐：巨金中心或黄兴路步行街

推荐餐厅：在国金中心可以找到各类餐厅，包括网红店与国际美食。也可以返回黄兴路步行街，寻找本地特色餐厅，享受湘菜盛宴。

交通方式：从湖南博物院打车回到五一广场附近，约15分钟车程。

建议时间：1.5小时。

19:00—20:00 夜景：五一广场及太平街漫步

推荐活动：晚餐后，五一广场的夜景灯光很漂亮，你可以在附近的太平街漫步，感受长沙的夜晚风情，或者在太平街的小巷里喝杯奶茶，结束一天的旅程。

交通方式：步行（在五一广场附近，轻松步行即可）。

旅游总结

早餐：黄兴路步行街（步行）

上午游览：岳麓山与岳麓书院（地铁2号线+步行）

午餐：坡子街美食街（步行）

下午游览：橘子洲（地铁2号线）

博物馆：湖南博物院（打车）

晚餐：国金中心或黄兴路步行街（打车）

夜景：五一广场及太平街（步行）

这份行程宽松不紧凑，让你能在一天内感受到长沙的精华。如果你想进一步调整，可以随时根据实际情况灵活安排。

这个提问案例采用"交代背景+赋予身份+给出需求+意见补充"的提问结构，基本上能够帮助创作者解决大部分问题。

- **交代背景：** 我要在10月1日去长沙旅游，为期一天，住在五一广场附近。
- **赋予身份：** 你是一名资深导游。
- **给出需求：** 帮我制订一份旅游计划，包括详细的时间、路线和用餐安排。我希望时间宽松，不用太过奔波。
- **意见补充：** 另外，请写出乘车方式。

4. 特定关键词

使用大语言模型类AI工具生成文案时，用户可以通过给出特定的关键词，让生成的回复更加符合自己的需求。

例如，使用DeepSeek生成一篇小说，用户只需要给出与小说主题相关的关键词，即可帮助DeepSeek理解自己的需求。在DeepSeek中输入"使用第一人称，假设你是1947年罗斯威尔事件中的一名警官，根据当晚发生的事件撰写一篇冒险小说，字数在300字以内"，DeepSeek即可根据该事件生成一篇惊心动魄的探险小说。

Q 使用第一人称，假设你是1947年罗斯威尔事件中的一名警官，根据当晚发生的事件撰写一篇冒险小说，字数在300字以内

A 1947年7月的那个夜晚，我正坐在警车里，和往常一样在罗斯威尔的乡间巡逻。突然，无线电中断，天空瞬间亮如白昼。我立刻踩下刹车，抬头望去——一团炫目的光芒划破夜空，坠向远方的沙漠。

几分钟后，镇上的报告开始接踵而至。农民们纷纷声称看见"奇怪的东西"坠落。我心里不安，带着同伴迅速驱车赶往事发地。道路崎岖不平，但越靠近目的地，空气中弥漫的焦灼感越强烈。最终，我们到达了一个偏僻的牧场。

眼前的景象让我毛骨悚然：一架银色的圆盘状物体嵌在地面里，四周的植被像被烧焦了一样。它的外表光滑无痕，不像任何已知的飞行器。空气中弥漫着一股刺鼻的气味。我靠近时，感觉到一阵静电似的颤动。突然，从残骸中传来微弱的声响。

我和同伴对视，紧握枪柄，靠近那个裂开的窗口。就在我们探头向内的瞬间，一双发光的眼睛瞪向了我——那个瞬间，我知道，我们遇到了不属于这个世界的东西。

后来的日子，军方接管了一切，封锁了牧场，命令我们保持沉默。但那晚的景象，至今仍在我的梦中回荡。

用户给了DeepSeek一个身份后，需要给出包含关键词的进一步指令。

指令

给DeepSeek的身份为"编剧"，给出的包含关键词的进一步指令为"你将为电影或能吸引观众的网络连续剧开发一个引人入胜且富有创造力的剧本。从想出有趣的角色、故事的背景、角色之间的对话等开始。直到你的角色发展完成——创造曲折的、激动人心的故事情节，让悬念一直保持到最后。我的第一个要求是写一部以巴黎为背景的浪漫剧情电影剧本，字数控制在300字以内"。

AI工具生成的回复

发送上述指令，DeepSeek即可根据这些指令生成一个完整的电影剧本。

Q 你现在是一名编剧，你将为电影或能吸引观众的网络连续剧开发一个引人入胜且富有创造力的剧本。从想出有趣的角色、故事的背景、角色之间的对话等开始。直到你的角色发展完成——创造曲折的、激动人心的故事情节，让悬念一直保持到最后。我的第一个要求是写一部以巴黎为背景的浪漫剧情电影剧本，字数控制在300字以内

A 剧本标题：巴黎之约

背景：

巴黎，浪漫之都，街巷间弥漫着艺术气息。故事发生在一间充满历史感的咖啡馆，名叫"Le Destin"（命运）。这里是邂逅与错过的舞台，也是命运编织爱情的地方。

角色：

艾米丽（Émilie）——一位内向而独立的插画师，梦想在巴黎找到灵感，刚经历过感情创伤。

马修（Mathieu）——一位潇洒幽默的音乐家，生活随性，心中却隐藏着无法痊愈的旧伤。

伊莎贝尔（Isabelle）——艾米丽的朋友，勇敢而热情，鼓励她勇敢追爱。

故事开篇：

艾米丽和马修在"Le Destin"咖啡馆不期而遇，初次见面是一次偶然的碰撞——她打翻了他的咖啡。两人尴尬地相视一笑，短暂的对话中透露出彼此的孤独与失落。伊莎贝尔发现了他们之间的微妙火花，暗中安排两人再次相遇。

转折：

第二次相遇，马修邀请艾米丽听他的街头演出，但她犹豫不定，害怕再次陷入一段脆弱的关系。然而，马修的音乐深深打动了她，唤醒了她内心深处的渴望。

悬念：

就在两人感情升温之时，马修的前女友突然现身，试图挽回他。艾米丽陷入挣扎，是否应该相信自己的感觉，还是再次选择逃避？而马修也必须面对自己的内心。

最终，在巴黎的夜幕下，爱情的命运将如何展开？

1.3.2　如何使用大语言模型类AI工具策划选题

前面介绍了大语言模型类A 工具的基本用法，下面介绍如何巧用AI工具撰写3类选题。

1. 用AI工具撰写需求型选题

指令模板：你是一位短视频博主，赛道为【输入赛道】，希望吸引【输入用户】人群　请你列举30个常见的需求或问题，以方便后续进行短视频创作。

使用该模板进行提问：你是一位短视频博主，赛道为【财会知识科普】，希望吸引【财务岗位】人群，请你列举30个常见的需求或问题，以方便后续进行短视频创作。

AI生成的回答如下。

Q 你是一位短视频博主，赛道为【财会知识科普】，希望吸引【财务岗位】人群，请你列举30个常见的需求或问题，以方便后续进行短视频创作

A 以下内容将帮助你策划并创作出既有教育意义又具吸引力的内容：

1.基础会计原理是什么？

2.如何理解财务报表（资产负债表、利润表、现金流量表）？

3.会计分录的编制方法有哪些？

4.增值税与消费税的区别及计算方式。

5.企业所得税的申报流程与注意事项。

6.会计软件（如金蝶、用友）的基础操作教程。

7.如何进行有效的成本控制与分析？

8.财务报表分析的关键指标有哪些？

9.初学者如何快速掌握会计实操技巧？

10.会计准则的变更对财务工作的影响。

11.个人所得税的计算与申报指南。

12.如何识别并防范财务舞弊？

13.财务预算的制定与执行管理。

14.ERP系统在企业财务管理中的应用。

15.会计证书（CPA、CMA）备考策略与资料推荐。

16.现金管理与资金流转优化技巧。

17.非财务经理的财务知识必修课。

18.财务报表中的常见陷阱与解读技巧。

19.税务筹划的合法途径与案例分析。

20.中小企业常见的财务问题及解决方案。

21.如何利用Excel进行高效财务数据处理？

22.审计流程与财务报表审计的重点。

23.会计职业道德与职业发展规划。

24.跨境电商企业的财务合规挑战与对策。

25.财务分析在投资决策中的应用。

26.新会计准则下收入确认的变化。

27.如何提升财务分析与报告的质量？

28.应收账款管理与催收技巧。

29.财务数字化转型的趋势与策略。

30.如何高效准备年终财务决算与审计？

这些问题涵盖了从会计基础到高级财务管理、从税务筹划到财务数字化等多个方面，旨在满足不同水平的财务人员的学习需求。通过制作解答这些问题的短视频，可以构建一个全面且深入的财会知识体系，吸引并留住目标观众。

如何找到需求型选题？

- **用户画像：** 列出所需用户的年龄、岗位、性别、收入、工作习惯等。毕竟20岁和40岁的用户需要解决的职场问题是不同的，月收入3000元和月收入30000元的人关心的问题也是有区别的。对用户画像把握得越明确，能拓展的选题也就越多。
- **网络搜索：** 利用互联网，在各大搜索引擎中搜索所选赛道、想到的人群、选题，找到能做的短视频选题。
- **查看评论：** 查看和选题相关的短视频，留意用户评论，根据评论提炼出合适的选题。

在进行需求型选题策划时，可以先将所有能想到的选题列举出来，例如一位妈妈会关心的问题如下。

- 学习用品购买方法。
- 营养食谱。
- 孩子情绪问题。

根据想到的选题去搜索，可以裂变出更多的同类型选题。

2. 用AI工具撰写热点型选题

指令模板：你是一位短视频【输入赛道】博主，希望吸引【输入用户】人群，最近【输入热点】事件有很多人讨论，事件的基本情况是【输入热点概要】。请你结合该事件，列举30个选题切入角度。

使用该模板进行提问：你是一位短视频【财会知识科普】博主，希望吸引【财务岗位】人群，事件的基本情况是一位匿名捐款多年的好心人的身份无意中被公益组织工作人员公布，大家对好心人十分敬佩。请你结合该事件，列举30个选题切入角度。

AI生成的回答如下。

Q 你是一位短视频【财会知识科普】博主，希望吸引【财务岗位】人群，事件的基本情况是一位匿名捐款多年的好心人的身份无意中被公益组织工作人员公布，大家对好心人十分敬佩。请你结合该事件，列举30个选题切入角度

A 结合您提到的匿名捐款事件与您的财会知识科普博主身份，以下是30个结合该事件、面向财务岗位人群的选题切入角度，旨在既传递正能量又融入财会相关知识。

1.财务匿名捐赠的税务处理与优惠：探讨个人捐赠的税收减免政策。

2.公益捐赠的会计记账方法：介绍公益组织如何记录大额匿名捐款。

3.匿名捐赠的财务透明度挑战：讨论如何在保护捐赠者隐私的同时确保透明度。

4.财务管理中的匿名捐赠管理：如何设立专门的账户和流程处理匿名捐款。

5.大额捐赠的现金流影响：分析匿名捐款对公益组织现金流的积极影响。

6.企业捐赠与个人捐赠的财务差异：比较两者在税务、会计处理上的不同。

7.慈善捐赠的财务规划：鼓励财务人员对慈善事业进行长期规划。

8.匿名捐赠的动机与财务管理：探讨捐赠者可能的心理动机及其对财务管理的启示。

9.公益组织的财务审计与匿名捐赠：确保匿名捐赠资金被正确使用的审计方法。

10.捐赠资金的投资与保值增值：公益组织如何运用捐赠资金进行稳健投资。

11.个人捐赠的财务策略：为财务人员提供个人慈善捐赠的财务规划建议。

12.财务人员在慈善中的角色：探讨如何在工作中融入慈善理念。

13.税务合规与匿名捐赠：确保捐赠行为符合税务法规的要点。

14.公益捐赠的会计处理案例：分析匿名捐款在财务报表中的体现。

15.捐赠者的隐私保护与财务信息披露：平衡捐赠者隐私与公众知情权的方法。

16.大额捐赠对公益组织财务结构的影响：探讨捐赠如何改变组织的财务结构。

17.财务人员的慈善教育：提升财务团队对慈善事业的认识和参与度。

18.捐赠资金的追踪与反馈：确保捐赠者了解资金用途的财务追踪机制。

19.企业捐赠的财务效益分析：虽然是个体捐赠案例，但可延伸讨论企业捐赠的财务回报。

20.财务透明度与捐赠者信任：提高透明度以增强捐赠者信任的策略。

21.捐赠资金的合规使用与风险管理：确保捐赠资金安全、合规使用的财务风险管理。

22.财务岗位人员的慈善倡议：鼓励财务团队发起或参与慈善项目的倡议。

23.匿名捐赠的会计处理技巧：针对匿名捐赠的特殊会计处理技巧分享。

24.公益捐赠的财务效益评估：如何量化捐赠对社会的财务效益。

25.捐赠者的财务激励措施：探讨能激励更多人进行匿名捐赠的财务策略。

26.财务人员的领导力：培养财务团队在慈善事业中的领导力。

27.捐赠资金的多元化运用：探讨捐赠资金如何用于教育、医疗、环保等多个领域。

28.财务透明度与捐赠考参与度的关系：分析透明度如何影响捐赠者的参与度。

29.公益组织的财务可持续发展：分析匿名捐赠如何助力公益组织的长期财务健康。

30.财务人员的责任：强调财务人员在推动社会公益事业中的责任与担当。

这些选题角度旨在结合匿名捐赠事件，深入探讨财务人员在慈善捐赠中的角色、责任以及相关的财务管理知识，并传递正能量和慈善精神。

如何找到热点型选题？

- **抖音热点：** 抖音为用户提供了热点榜单，便于用户实时跟踪热点，了解当下热门事件。
- **各大自媒体平台热搜：** 微博热搜、知乎热搜等，其中较常用的为微博热搜。
- **榜单类网站：** 今日热榜、百度热搜、新浪热榜、即时热榜。

热点型选题的话术：最近×××很火/很"出圈"/很多人讨论。将模板话术与AI工具相结合，可以快速获得热点事件的选题。

3. 用AI工具撰写搜集型选题

指令模板：你是一位短视频【输入赛道】博主，希望吸引【输入用户】人群，请你列举30个合集汇总类或攻略/测评类的选题，仅需通过搜集相关信息即可完成短视频选题策划。

使用该模板进行提问：你是一位短视频【财会知识科普】博主，希望吸引【财务岗位】人群，请你列举40个合集汇总类或攻略/测评类的选题，仅需通过搜集相关信息即可完成短视频选题策划。

AI生成的回答如下。

Q 你是一位短视频【财会知识科普】博主，希望吸引【财务岗位】人群，请你列举40个合集汇总类或攻略/测评类的选题，仅需通过搜集相关信息即可完成短视频选题策划

A **合集汇总类**

1.财务软件大全：评测市面上主流的财务软件，包括功能、价格、易用性等。

2.会计证书考试指南：汇总CPA、CMA等热门会计证书的考试内容、备考策略及资源。

3.财务报表分析技巧：总结常见的财务报表分析方法与工具。

4.税务筹划策略集：汇总个人所得税与企业所得税的筹划技巧。

5.成本控制手册：整理企业成本控制的实用方法与案例。

6.财务岗位面试攻略：提供财务岗位面试的常见问题与回答技巧。

7.会计实操技巧合集：汇总会计分录、财务报表编制等实操技巧。

8.财务管理书籍推荐：精选并推荐财务管理领域的经典与实用书籍。

9.财务分析报告模板：提供不同类型的财务分析报告的模板与撰写要点。

10.财务岗位晋升路径：梳理财务人员的职业发展路径与晋升要求。

攻略/测评类

1.Excel在财务中的应用攻略：深入讲解Excel在数据处理、预算制定等方面的应用。

2.财务软件实操测评：对比不同财务软件在实际操作中的表现与效率。

3.会计证书备考攻略：分享备考CPA、CMA等证书的高效方法与资源。

4.税务筹划实战案例：分析成功与失败的税务筹划案例，提供经验与教训。

5.成本控制方法测评：评估不同成本控制方法的实际效果与适用性。

6.财务软件成本效益分析：对比不同财务软件的成本与为企业带来的效益。

7.财务报表解读技巧测评：测试不同解读方法在理解财务报表信息上的准确性。

8.在线会计课程评测：对比市面上流行的在线会计课程的质量与效果。

9.财务管理工具对比：评测不同财务管理工具（如预算软件、现金流管理工具）的功能与性价比。

10.财务岗位实习经验分享：邀请财务岗位实习生分享实习经历与收获。

11.税务软件使用测评：对比不同税务软件在申报、筹划等方面的功能。

12.财务数据分析工具对比：评测不同数据分析工具在财务数据处理与分析上的能力。

13.财务报表审计流程攻略：详细讲解财务报表审计的步骤与注意事项。

14.财务风险管理策略测评：评估不同风险管理策略在防范财务风险上的效果。

15.会计职业道德规范解读：分析会计职业道德规范的内容与重要性。

16.财务数字化转型攻略：提供企业向数字化转型的财务策略与步骤。

17.财务报表舞弊识别技巧：分享识别财务报表舞弊的方法与技巧。

18.个人理财与财务规划攻略：为财务人员提供个人理财与财务规划的建议。

19.财务人员技能提升路径：梳理财务人员技能提升的关键点与途径。

20.跨境财务处理攻略：提供跨境企业处理财务问题的策略与注意事项。

21.财务岗位工作效率提升技巧：分享提高财务工作效率的方法与工具。

22.财务团队管理经验分享：邀请财务团队管理者分享管理经验与心得。

23.财务数据分析与可视化技巧：讲解如何运用数据分析与可视化工具提升财务决策能力。

24.财务岗位面试着装与礼仪指南：提供财务岗位面试时的着装与礼仪建议。

25.财务岗位薪资水平与市场趋势：分析财务岗位的薪资水平与市场发展趋势。

26.财务岗位工作与生活平衡策略：分享财务人员平衡工作与生活的经验。

27.财务岗位加班与压力管理技巧：提供应对财务岗位加班与压力的方法。

28.财务岗位远程工作指南：为财务人员提供远程工作的策略与工具。

29.财务岗位学习与发展资源：汇总财务人员学习与发展所需的网站、论坛、社群等资源。

30.财务岗位创新实践分享：邀请财务人员分享在工作中进行创新实践的经验。

这些选题涵盖了财务软件、会计证书、财务报表分析、税务筹划、成本控制、财务岗位面试与晋升等多个方面，旨在通过信息搜集与整理，为财务岗位人群提供实用、有价值的短视频内容。

怎么做出搜集型选题？

- **合集汇总：**将多个来源的信息、资源或数据汇总在一起，为用户提供信息集合。例如旅行目的地汇总、上班穿搭参考汇总、朋友圈文案汇总。
- **排行榜类：**针对特定领域或主题，为用户提供各种排名和榜单推荐，例如美食排行榜、办公提效工具排行榜。
- **攻略/测评：**针对某个场景，为用户提供攻略或提供测评对比指南。例如空气炸锅测评、牛仔外套测评。

▶ 提示

策划选题时，请记住一句话：给用户看，而非给自己看。

1.3.3　如何使用大语言模型类AI工具裂变热点型选题

创作者不是每时每刻都有灵感和创意涌现的，难免会遇到灵感枯竭没有选题可做的情况。这是每个创作者都会遇到的，基于这种情况，本书将介绍即使是新手也能使用的选题裂变方法，将同一个选题拓展出多种角度。

下面将以考研的相关内容为例，向读者讲解如何使用DeepSeek裂变热点型选题。

常见的考研相关选题如下。

- 考研怎么选专业？
- 考研上岸经验分享。
- 考研备考时间节点一览。
- 考研政治如何备考？
- 考研数学如何备考？
- 考研英语如何备考？
- 考研专业课如何备考？

1. 关键词拓展法

关键词是选题的灵魂，想要基于原有思路不断输出，可以利用现有的选题核心关键词来拓展新的关键词，进而产生新的选题思路。

使用DeepSeek分析关键词之前，需要找到关键词。我们可以在抖音上搜索有哪些相关选题可供参考。在抖音的搜索框中输入"研究生"，关联结果如图1-18所示。

除了使用抖音等平台搜索，还可以通过微信读书、荔枝读书等在线阅读网站或App查找相关书籍。一本书就是一个选题来源，例如，在读书平台搜索"考研英语"，结果如图 1-19所示。

基于选题核心关键词，使用DeepSeek进行关键词分析生成选题。例如，可以向DeepSeek提问：请以"考研英语必备"为关键词进行分析，为我提供20个相关的短视频选题。

获得的回答如下。

图 1-18

图 1-19

Q 请以"考研英语必备"为关键词进行分析，为我提供20个相关的短视频选题

A 围绕"考研英语必备"这一关键词，我们可以从多个角度为考研学子提供有价值的短视频内容。以下是20个相关的短视频选题，旨在帮助他们更有效地备考。

1.考研英语大纲解读：详细解析最新考研英语大纲的变化与重点。

2.考研英语词汇速记技巧：分享高效的词汇记忆方法，如词根词缀法、联想记忆法等。

3.考研英语阅读理解高分攻略：分析阅读理解题型，提供解题技巧与策略。

4.考研英语完形填空解题秘籍：讲解完形填空的解题步骤与常见陷阱。

5.考研英语翻译技巧精讲：分享翻译句子的方法与注意事项，提高翻译准确度。

6.考研英语写作模板与范文：提供写作模板与高分范文，分析写作结构与语言表达。

7.考研英语历年真题解析：深度剖析历年真题，总结考点与命题规律。

8.考研英语听力备考策略：虽然考研英语不直接考听力，但听力练习有助于提升语感。

9.考研英语长难句分析：教授如何快速理解并分析长难句，提高阅读速度。

10.考研英语时间管理技巧：分享在考试中合理分配时间的方法，确保每部分都能充分作答。

11.考研英语真题模拟测试：通过真题模拟测试检验备考效果，查漏补缺。

12.考研英语高频词汇吕讲：总结高频词汇，通过例句加深记忆。

13.考研英语阅读理解真题演练：精选阅读理解真题，进行实战演练与解析。

14.考研英语写作高分词汇：提供写作中常用的高分词汇与短语，提升文章质量。

15.考研英语冲刺复习计划：为冲刺阶段的考生提供科学的复习计划与策略。

16.考研英语错题本使用方法：讲解如何有效利用错题本进行针对性复习。

17.考研英语备考心态调整：分享备考过程中的心态调整技巧，保持积极心态。

18.考研英语资料推荐：精选并推荐备考资料，包括书籍、网站、App等。

19.考研英语辅导班选择指南：为需要报班的考生提供选择辅导班的建议与注意事项。

20.考研英语备考误区与避免方法：分析备考过程中常见的误区，并提供避免方法。

这些选题涵盖了考研英语备考的各个方面，从词汇、阅读理解、完形填空、翻译、写作到真题解析、时间管理、心态调整等，旨在为考生提供全面、实用的备考指导。

如果对这些选题不够满意，想要更多新的选题，可以继续向DeepSeek提问，例如：请继续补充，以帮助考研学子更有效地备考。

获得的回答如下。

Q 请继续补充，以帮助考研学子更有效地备考

A 当然，为了更有效地帮助考研学子备考英语，以下是20个与前面内容不重复的短视频选题建议。

1.考研英语高频同义词替换：教授如何用更高级的词汇替换常见词汇，提升作文档次。

2.考研英语实景模拟测试：模拟真实考试环境，提供一套完整的模拟试题，附带详细解析。

3.阅读理解中的细节理解技巧：教授如何快速定位并准确理解文章中的具体信息。

4.考研英语笔记的建立与使用：分享如何在笔记中有效整理重点。

5.作文的分段技巧：介绍一些作文的分段技巧，帮助考生写出更有条理的作文。

6.考研英语写作中的过渡句使用：教授如何在段落间使用过渡句，使文章结构更加清晰连贯。

7.考研英语词汇的联想记忆法：利用有趣的联想故事，帮助考生记忆难记词汇。

8.阅读理解中的主旨大意概括：教授如何快速把握文章的中心思想，避免偏离主题。

9.阅读理解中的预测技巧：分享如何通过题目选项揣测文章内容，以应对生词过多的情况。

10.考研英语中的语法陷阱识别：解析常见语法错误，帮助考生在考试中少犯错。

11.作文高分句型积累：提供一系列高分句型模板，供考生在写作中灵活运用。

12.考研英语词汇的语境记忆法：通过例句和语境帮助考生理解和记忆词汇。

13.阅读理解中的指代关系解析：教授如何准确理解文章中代词的指代对象。

14.阅读理解中的同义词替换识别：分享如何识别阅读材料中的同义词替换情况，提高理解准确性。

15.考研英语中的同义词辨析练习：提供一系列同义词辨析题目，帮助考生区分相似词汇。

16.作文中的高级表达积累：分享一些高级表达方式和短语，帮助考生提升作文语言水平。

17.考研英语词汇的构词法解析：教授如何利用词根、词缀等记忆和理解词汇。

18.阅读理解中的逻辑推理题解析：详细解析逻辑推理题的答题步骤和技巧。

19.阅读理解中的信息整合技巧：教授如何将阅读材料中的信息整合起来，从而加快做题速度。

20.考研英语备考压力管理：分享备考过程中的压力管理技巧，帮助考生保持良好心态。

这些选题涵盖了考研英语备考的多个方面，从词汇、语法、阅读理解到写作和心态调整，旨在帮助考生全面提升英语水平，更有效地备考。

2. 热门短视频拓展法

要相信，站在巨人的肩膀上，你会看得更远。很多时候，不要只埋头想自己做了什么，还要多去看别人做了什么，才能做出热门短视频。找到相同领域或相同选题的热门博主，观察和搜集他们的热门短视频，将其作为学习和模仿的榜样。

以宠物短视频为例，热门选题如下。

- 动画片真的没有骗人！猫咪就是这样跑的。
- 我的小猫"偷感"好重啊，小眼睛转来转去只是想让妈妈陪它玩。
- 鸡胸肉当主食给猫喂养15天后续。
- 新手养猫必看！猫咪驱虫那些事。
- 猫语十级翻译，12种猫咪常见叫声解析。

需要注意的是，要在参考和模仿热门短视频选题的基础上，发现新的痛点和需求，不断创新和提升自己的运营能力。新手在刚开始模仿时，很难抓到重点，只能照猫画虎，做出来的短视频选题效果较差，而使用DeepSeek去模仿创作选题，就能快速抓住重点，找到适合自己的短视频选题。

例如，可以向DeepSeek提问来模仿选题。

Q 请参考这几个选题，模仿创作10个同类型的热门短视频选题。

动画片真的没有骗人！猫咪就是这样跑的。

我的小猫"偷感"好重啊，小眼睛转来转去只是想让妈妈陪它玩。

老猫为了不吃药都练成太极拳了！

猫语十级翻译，12种猫咪常见叫声解析。

A 1.狗狗的世界也有"八卦"！揭秘狗狗们"聊天"时的微妙动作。

2.萌宠大揭秘：兔子跳跃的秘密，原来它们这样表达快乐！

3.喵星人的隐藏技能！看我家猫咪如何用尾巴"说话"，萌化人心。

4.当鹦鹉遇上DJ：宠物鸟模仿人类跳舞，这节奏感绝了！

5.宠物界的瑜伽大师？看金毛如何展现惊人的平衡性与柔韧性。

6.喵皇的傲娇日常：揭秘猫咪为何爱"蹭人"，原来是在宣示"主权"！

7.狗狗也有小情绪！解读狗狗不同摇尾巴方式的情绪密码。

8.仓鼠的"健身房"日常：看小家伙如何在滚轮上跑出速度与激情。

9.宠物界的"魔术师"？揭秘猫咪如何凭空消失，又突然出现在你眼前！

10.狗狗的"社交礼仪"课：学习如何正确与其他狗狗打招呼，避免冲突。

3. 连载式拓展法

当创作者特别擅长某一类选题，并且产出过热门短视频时，可以采取连载式拓展法创作短视频，将同一个选题分多个短视频产出。

例如，可以专门基于PPT技巧这一选题，每天在短视频平台上进行"PPT自学打卡"。使用这种拓展方法，既可节省时间，又可提高用户黏性，让用户形成定期观看的习惯。

4. 选题拓展法

若创作者曾使用某一选题创作出热门短视频，那么可以考虑使用DeepSeek对这个选题进行细分。

指令模板：你是一位短视频【输入赛道】博主，准备创作一条短视频，选题为【输入选题】，请你基于该选题，延伸拓展出30个细分新选题。

　　基于该模板可以提问：你是一位短视频【财会知识科普】博主，准备创作一条短视频，选题为【财会基础知识大全】，请你基于该选题，延伸拓展出30个细分新选题。

　　AI生成的回答如下。

Q 你是一位短视频【财会知识科普】博主，准备创作一条短视频，选题为【财会基础知识大全】，请你基于该选题，延伸拓展出30个细分新选题

A 作为一位专注于财会知识科普的短视频博主，针对【财会基础知识大全】这一选题，我可以延伸拓展出以下30个细分新选题，以覆盖财会领域的各个方面，满足不同观众的学习需求。

1.会计基础概念入门：介绍会计的基本概念、职能与重要性。

2.会计要素详解：解析资产、负债、所有者权益、收入、费用和利润六大会计要素。

3.会计等式与平衡原理：讲解会计等式及其在实际操作中的应用。

4.会计科目与账户体系：介绍会计科目的分类与账户的设置原则。

5.复式记账法原理：解析复式记账法的核心原理与操作步骤。

6.会计凭证的种类与编制：展示不同类型会计凭证的编制方法。

7.会计账簿的种类与登记：介绍会计账簿的种类及其登记规则。

8.财务报表编制基础：讲解资产负债表、利润表和现金流量表的编制方法。

9.财务分析入门：介绍财务分析的基本方法、步骤与目的。

10.成本控制与管理：探讨成本控制的概念、方法及其在企业管理中的应用。

11.预算管理基础：解析预算编制、执行与控制的流程与技巧。

12.税务基础知识：介绍税收制度、税种分类与税务筹划的基本原则。

13.增值税会计处理：详细讲解增值税的会计处理方法与技巧。

14.企业所得税会计处理：解析企业所得税的计算与会计处理流程。

15.会计政策选择与变更：探讨会计政策选择的原则、变更的影响与披露要求。

16.会计估计与差错更正：介绍会计估计的合理性判断与差错更正的会计处理。

17.现金流量管理：讲解现金流量的重要性、预测与管理方法。

18.内部控制与风险管理：介绍内部控制的基本概念、要素与风险管理策略。

19.审计基础知识：解析审计的概念、类型与审计流程。

20.会计信息化与ERP系统：探讨会计信息化的意义、ERP系统的功能与应用。

21.会计职业道德与法规：介绍会计职业道德的基本原则与相关法规要求。

22.财务报表分析案例：通过实际案例展示财务报表分析的应用与效果。

23.小微企业会计实务：针对小微企业特点，介绍实用的会计处理方法。

24.跨国企业会计处理：探讨跨国企业面临的会计挑战与应对策略。

25.会计软件操作指南：介绍常用会计软件的操作方法与技巧。

26.会计职业规划与发展：为会计从业者提供职业规划建议与发展路径。

27.会计继续教育的重要性：强调会计从业者持续学习的重要性与途径。

28.会计与金融市场的互动：解析会计信息对金融市场的影响与作用。

29.会计前沿理论与实践：介绍会计领域的最新研究成果与实践应用。

30.会计与人工智能的融合：探讨人工智能在会计领域的应用前景与挑战。

通过以上选题拓展方式，可以形成自己的专属灵感树，如图1-20所示。

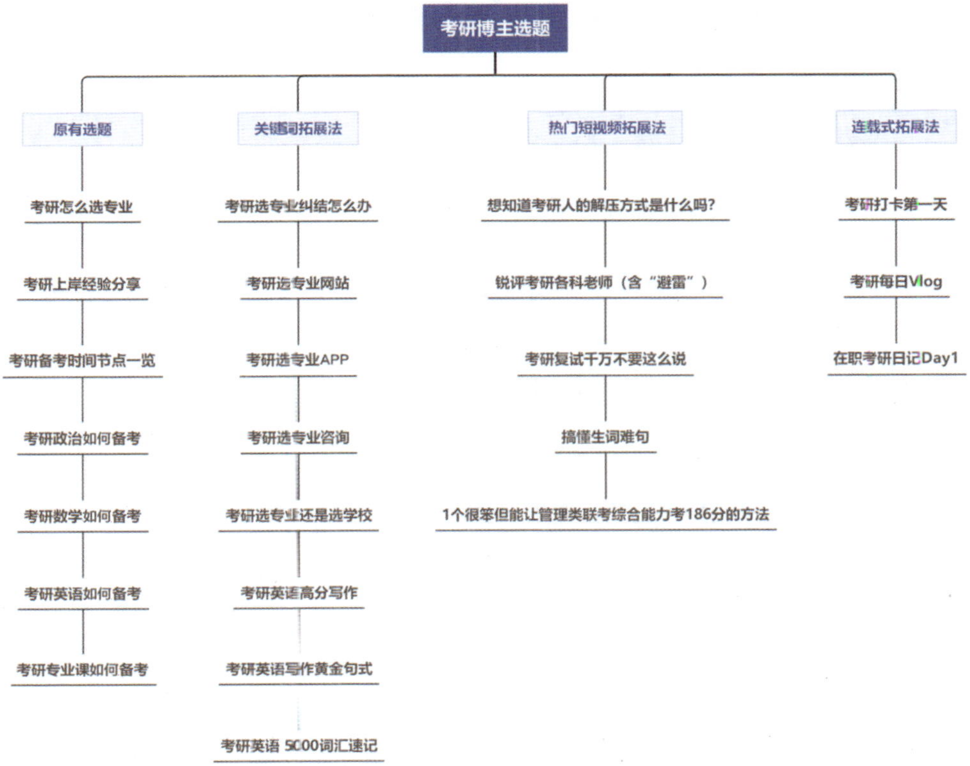

图1-20

▷ 第2章

Chapter 2

脚本策划：
打造热门短视频的秘诀

在很多人眼中，短视频似乎比电影还好看，很多短视频不仅画面和背景音乐（Background Music，BGM）优美，而且剧情不拖泥带水，能够让人"流连忘返"。

短视频的脚本与电影的剧本类似，不仅可以用来确定故事的发展方向，还可以提高短视频拍摄的效率和质量，此外还可以指导短视频的后期剪辑。

2.1 脚本的基础知识

许多精彩的短视频背后都有好的脚本。脚本是整个短视频内容的大纲，对于剧情的发展有决定性的作用。因此，创作者需要写好短视频的脚本，让短视频的内容更加优质。

2.1.1 脚本的定义

脚本是创作者拍摄短视频的主要依据，用于提前统筹安排短视频拍摄过程中的所有事项，如什么时候拍、用什么设备拍、拍什么背景、拍谁以及怎么拍等。表 2-1 所示为一个简单的短视频脚本模板。

表 2-1

镜号	景别	运镜	画面	附加设备	备注
1	远景	固定镜头	在天桥上俯拍城市中的车流	手持广角镜头	
2	全景	跟随运镜	拍摄主角从天桥上走过的画面	手持稳定器	慢镜头
3	近景	上升运镜	从人物手部拍到头部	手持拍摄	
4	特写	固定镜头	人物脸上露出开心的表情	三脚架	
5	中景	跟随运镜	拍摄人物走下天桥楼梯的画面	手持稳定器	
6	全景	固定镜头	拍摄人物与朋友见面问候的场景	三脚架	
7	近景	固定镜头	拍摄两人手牵手的温馨画面	三脚架	后期背景虚化
8	远景	固定镜头	拍摄两人走向街道远处的画面	三脚架	欢快的背景音乐

在创作短视频的过程中，所有参与前期拍摄和后期剪辑的人员（包括摄影师、演员、道具师、化妆师、剪辑师等）都需要遵从脚本的安排。如果拍摄短视频没有脚本，很容易出现各种问题。比如拍到一半发现场景不合适，或者道具没准备好、演员少了，又需要花费大量时间和资金去重新准备。这样不仅会浪费时间和金钱，也很难做出想要的短视频效果。

2.1.2　脚本的作用

脚本主要用于指导所有参与短视频创作的工作人员的行为和动作，从而提高工作效率，并提升短视频的质量。脚本的作用如图 2-1所示。

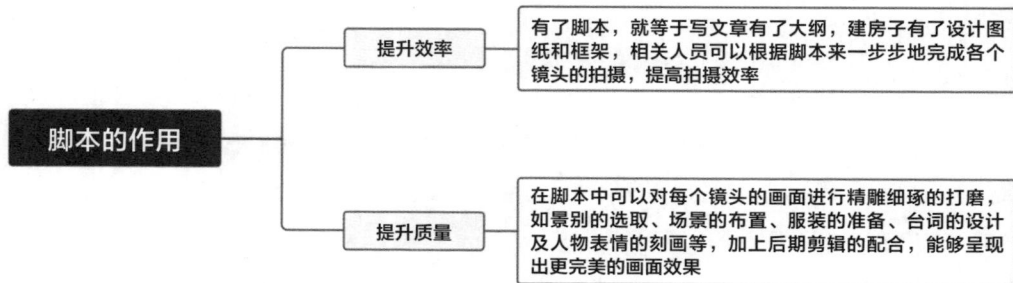

图2-1

2.1.3　脚本的类型

短视频的时长虽然很短，但只要创作者足够用心，精心设计短视频的脚本和每一个镜头的画面，让短视频的内容更加优质，就能获得更多上热门的机会。短视频的脚本一般分为分镜头脚本、拍摄提纲和文学脚本3种，如图 2-2所示。

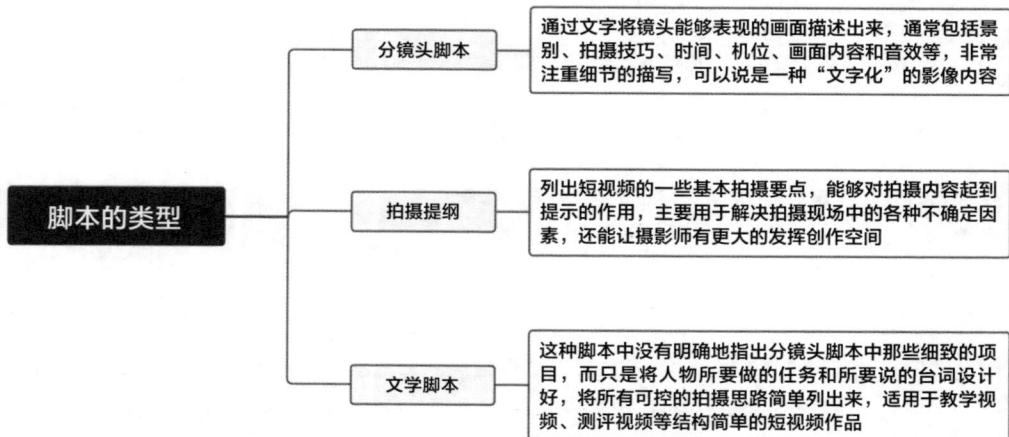

图2-2

分镜头脚本适用于剧情类的短视频，拍摄提纲适用于访谈类或资讯类的短视频，文学脚本则适用于结构简单的短视频。

2.1.4 脚本的基本要素

在短视频脚本中，创作者需要认真设计每一个镜头。一个短视频脚本包括6个基本要素：景别、内容、台词、时长、运镜、道具。这6个基本要素的介绍如下。

- **景别**：在拍摄短视频的分镜头时，要确定具体选择哪种景别。景别共有5种，分别为远景、全景、中景、近景、特写。不同的景别有不同的作用，例如远景用于展示故事发生的地点，如图 2-3所示。交替使用各种景别，可增强短视频的艺术感染力。
- **内容**：内容就是创作者想要通过短视频表达的东西，可以将内容拆分成一个个小片段，放到不同的镜头里，通过不同的场景将其呈现出来。
- **台词**：台词是指短视频中人物所说的话，具有传递信息、刻画人物和体现主题的功能。短视频的台词设计要尽量简洁，过长的台词会让观众感到疲惫。
- **时长**：要预估好每个镜头的时间长度，并把剧情转折的时间点标注好，以方便后期人员快速剪辑出重点内容，从而提升剪辑效率。
- **运镜**：创作者可以学习多种基本的运镜方法，如推、拉、摇、移、升。在实际拍摄时可以将这些方法进行组合运用，让画面看上去更加丰富。
- **道具**：道具作为布景的辅助物品使用，如图 2-4所示，能够起到画龙点睛的作用。不可使用过多道具，要避免画蛇添足。

图 2-3

图 2-4

2.1.5 脚本的编写技巧

在编写短视频脚本时，创作者需要遵循化繁为简的形式规则，还需要确保内容的丰富性和完整性。短视频脚本的编写技巧如下。

- **搭建框架**：即拟出短视频的基本大纲，创作者可以将拍摄主题、故事线索、人物关系、场景选址等在草稿纸上简单列出。

- **明确主题：** 找出短视频的主题，即短视频的内涵是什么，想要表达怎样的思想，围绕主题来写出具体的大纲。
- **设置角色：** 即确定短视频中要出现哪些人物，他们分别担任怎样的角色或需要完成什么任务。
- **选择场景：** 找出与镜头主题匹配的拍摄地点以及场景中用到的道具，将其列在脚本中。比如拍摄聚餐的场景就可以选择餐厅，如图 2-5 所示。
- **设计情节：** 即设计短视频的剧情是如何发展的，情节的设计要能够充分调动观众的情绪。
- **运用影调：** 在短视频中表达不同的情绪时，可以运用影调来增强这种情绪的氛围感。如伤感忧郁的画面可以搭配冷色调，如图 2-6 所示。

图 2-5　　　　　　　　　　　　　　　　　　　图 2-6

- **背景音乐：** 除了影调，还可以利用背景音乐来渲染剧情氛围。例如在搞笑的短视频中可以搭配一些笑声作为音效。

2.2　使用大语言模型类AI工具生成短视频脚本

掌握了短视频脚本的基础知识后，就可以结合前面提到的大语言模型类AI工具生成创意丰富的短视频脚本，从而创作出吸引人的短视频内容。

2.2.1　文学脚本的编写

文学脚本是一种将小说或对内容的概述转化为视觉表现形式的脚本类型。这种脚本通常注重以镜头语言来叙述故事，其中包括场景设置、角色设置、对白、动作等元素。文学脚本比分镜头脚本更为粗略，适合那些结构简单的视频，如教学视频、知识分享类视频等。

在创作文学脚本时，一般创作流程为明确脚本主题、提供基础信息、生成大纲、创作对话和细节、迭代修改、最终确认。接下来将结合此创作流程为读者介绍如何使用DeepSeek编写文学脚本。

- **明确脚本主题：** 明确即将创作的文学脚本的主题是什么，常见的主题有科幻、浪漫、悬疑、冒险等。在选择文学脚本主题时应选择创作者较为熟悉的内容，这样创作的难度会降低，也有助于DeepSeek理解创作者的需求，能够辅助创作出更加合适的文学脚本。例如创作者可以将构思好的创意告诉DeepSeek，通过对话让DeepSeek为创意选择主题，并提供简单的大纲，辅助创作者。

- **提供基础信息：** 明确主题后就可以向DeepSeek提供脚本的场景、背景和人物设定。场景可以是"在未来的太空殖民地"或"一个大雾弥漫的伦敦夜晚"；而背景和人物设定就需要描述主要角色的性格、外貌、动机和人物关系，可以简单介绍主要角色，如"艾斯比是一位年轻的作家，内向而富有想象力"。

- **生成大纲：** 与DeepSeek讨论故事的大致走向，让它为你生成脚本大纲，这个大纲可以是简单的三幕结构，也可以是复杂的多层情节，全看创作者的自身需求。在剧情设置时，创作者可以不断地和DeepSeek讨论，增加剧情中的冲突或转折点，以增强剧情的吸引力。

- **创作对话和细节：** 利用DeepSeek为脚本中的角色生成对话。创作者可以先描述角色的情绪和意图，然后在与DeepSeek的交互中创作出自然且符合角色个性的对话。DeepSeek可以帮助创作者填充场景描述、情感表达以及环境细节，增加文学脚本的深度。

- **迭代修改：** 在DeepSeek生成初稿后，要不断地对脚本进行修改。创作者可以要求DeepSeek调整对话的语气、添加更多细节或修改情节走向。通过不断与DeepSeek交互，一遍遍地打磨脚本，从而达到理想的效果。

- **最终确认：** 在脚本完成后，通读一遍以确保故事连贯、角色行为符合设定、对话自然流畅。确定最终版本后，DeepSeek可以帮助创作者格式化脚本，转换成适合拍摄的文档格式。

使用DeepSeek能够快速地创作出合适的文学脚本，提升短视频创作者的工作效率。原来创作者创作文学脚本需要大量的时间与精力，还需要一定的灵感，如果没有灵感，就无法进行创作，而现在使用DeepSeek就能更轻松地获得灵感。

指令

以 "爱情与时间" 为主题创作一个短视频文学脚本，根据前面的步骤流程，在输入框中输入 "请帮我写一个关于爱情与时间的短视频脚本，背景设定在未来，主角是一名时间旅行者。主角艾伦是一个能够穿越时间的年轻人，他爱上了一个只能在过去遇见的女子。请为这个故事生成一个大纲，包含主要情节和转折点，并为艾伦和女子的初次相遇写一段对话，他们在时空之间短暂相遇，却互相吸引。" 并发送。

AI 生成的回复如下。

Q 请帮我写一个关于爱情与时间的短视频脚本，背景设定在未来，主角是一名时间旅行者。主角艾伦是一个能够穿越时间的年轻人，他爱上了一个只能在过去遇见的女子。请为这个故事生成一个大纲，包含主要情节和转折点，并为艾伦和女子的初次相遇写一段对话，他们在时空之间短暂相遇，却互相吸引。

A 短视频脚本大纲：《时光之恋》

背景设定：

未来世界，时间旅行技术已经存在，但被严格控制。主角艾伦是一名时间旅行者，他能够穿梭不同的时间节点执行任务。一次意外中，他遇见了一名只能存在于过去的女子——莉亚。两人相遇的时间短暂，但情感强烈。艾伦开始不断穿越回她的时空，与她相处，然而，他逐渐意识到时间法则可能会让他们永远无法在同一时间长久停留。

主要情节：

艾伦的任务：艾伦作为时间旅行者，执行修复历史的小任务。在一次回到 20 世纪的任务中，他偶然遇见了莉亚，她是那个时代的普通女子。两人相遇的瞬间电光石火般吸引。

不断回去：艾伦无法忘记莉亚，他开始一次次冒险返回她的时间段。每次见面都是短暂的，但他们的感情在几次见面中迅速升温。

时间的警告：随着艾伦的不断穿越，时间开始出现异常的波动。他的上级警告他不能干预过去的生命轨迹，然而，艾伦越来越难以割舍与莉亚的情感。

不可逆的转折：艾伦的每次穿越使得莉亚所在的时间开始出现混乱，历史的轨迹发生偏移。艾伦意识到，他们的爱情本身可能是破坏时间平衡的关键。

最终选择：艾伦必须做出决定——要么继续穿越时间，最终导致莉亚的消失；要么放手，让莉亚回归她原本的时间，自己独自面对永恒的孤独。

初次相遇对话：

场景设定：艾伦穿越到20世纪的一个繁忙街头。偶然间，他与莉亚在一家古旧的书店门口相遇。

[艾伦四处张望，发现自己穿越到任务地点。他转身时，不小心撞到了正在翻阅书籍的莉亚。]

艾伦（微微惊讶，迅速道歉）：

"抱歉，我没看路。你……没事吧？"

莉亚（微笑，手捂书本，轻轻摇头）：

"没关系，我常常沉浸在这些书里，忘记了周围的世界。"

[艾伦看着她，眼神中透出不解与惊讶，像是被她某种难以言喻的气质吸引。]

艾伦（若有所思）：

"你喜欢这些……古老的故事？"

莉亚（点头，轻轻抚摸着书的封面）：

"它们像是一扇扇通往另一个世界的门。虽然我无法穿越时间，但阅读让我感觉自己仿佛也可以在不同的时代行走。"

[艾伦的心微微一颤，仿佛她不经意间说出了他的秘密。]

艾伦（低声自语，眼神温柔）：

"或许……你已经做到了。"

莉亚（好奇地抬头看他）：

"什么？"

艾伦（笑着摇头，掩饰着内心的波动）：

"没什么，只是……你有一种令人难以忘怀的感觉，像是……我在哪里见过你。"

[两人对视的瞬间，仿佛时间停滞了。尽管他们素未谋面，但彼此心中都有一种熟悉的共鸣。]

莉亚（轻声笑道）：

"也许我们曾在某本书里相遇过。"

[艾伦笑而不语，心中却隐隐知道，他们的相遇远非偶然。]

这一段对话既透露了艾伦的身份，同时暗示了莉亚和艾伦的命运交织在时间的长河中，为接下来的情感发展埋下伏笔。

2.2.2 分镜头脚本的编写

相比文学脚本和拍摄提纲，分镜头脚本会更加细致。由于某些短视频涉及的镜头较多，所以在撰写时会选择分镜头脚本这一形式。

分镜头脚本就是用连续的文字来描述短视频中每一个镜头的内容、细节的脚本，是把视频的内容拆分成单个镜头的过程，相当于整个视频的制作说明书。

一个好的分镜头脚本不仅包括完整的故事，还要把故事的情节翻译成镜头语言。每一个镜头中要包含许多拍摄和制作上的细节，如镜号、拍摄场景、景别、镜头时长、画面内容、人物台词、背景音等。分镜头脚本示例如表 2-2 所示。

表 2-2

镜号	拍摄场景	景别	镜头时长	画面内容	人物台词	背景音
1	城市街道	远景	5秒	繁忙的街道	"这里就是一切的开始……"	城市背景音
2	主角家	中景	7秒	主角在厨房做饭	"今晚给他一个惊喜。"	锅铲声，油烟机运行声音
3	餐厅	近景	10秒	主角和丈夫面对面坐着	"尝尝这个，我新学的。"	餐具碰撞声
4	卧室	特景	5秒	主角躺在床上，望着天花板	"为什么，我们之间会变成这样？"	轻柔的钢琴
5	公园	全景	12秒	主角在公园里散步，思考	"我需要找到答案。"	鸟鸣声，微风声
6	……	……	……	……	……	……
7	……	……	……	……	……	……

在使用DeepSeek编写分镜头脚本之前，应确认DeepSeek是否了解分镜头脚本，在输入框中输入"请问分镜头脚本是什么？"并发送，生成的回复如下。

Q 请问分镜头脚本是什么？

A 分镜头脚本（Storyboard Script）是一种电影或视频制作中的工具，用于详细规划每个镜头的视觉和叙事内容。它通过逐帧或逐个镜头的描述，将导演和编剧的想法以图文结合的方式呈现出来，帮助摄制组理解每个镜头的构图、角度、动作、对白等元素。

分镜头脚本主要用于拍摄前的准备阶段，以确保制作团队能够有效地执行每个镜头的拍摄。

分镜头脚本的组成部分如下。

镜号：每个镜头的编号，帮助制作组按顺序拍摄并剪辑。

镜头描述：详细说明镜头的内容，包括人物、动作、背景、道具等。描述要清楚传达出镜头中将要呈现的画面。

镜头类型：包括全景、中景、特写等。

全景（Wide Shot）：展示大范围的场景或人物的整体动作。

中景（Medium Shot）：展示人物的半身或主要的动作。

特写（Close-up）：聚焦于人物的面部或重要物品，展示情感或细节。

镜头角度：说明摄影机的拍摄角度，如俯拍、仰拍、侧拍等，帮助传递不同的情感氛围。

镜头运动：说明镜头的移动方式，如推镜、拉镜、摇镜、跟随等。

对白与音效：在对应镜头下方标注角色的对白内容或需要加入的音效。这些部分有助于理解画面与声音之间的配合。

时间长度：每个镜头的预估时长，方便掌控影片的节奏。

视觉元素：可以包括草图、图片或视觉描述，帮助视觉化每个镜头的内容，展示如何构图和安排场景。

分镜头脚本的作用如下。

视觉化创意：它可以将剧本中的文字转化为视觉画面，帮助导演、摄影师等团队成员更好地理解每个镜头的效果。

节省拍摄时间：通过提前规划每个镜头，可以避免拍摄时临时调整，提高拍摄效率。

指导拍摄：分镜头脚本像是拍摄的指南，确保所有镜头按计划进行，减少遗漏或错误。

交流工具：让导演、摄影师、剪辑师等各部门对影片的视觉风格有共同理解，保持一致性。

分镜头脚本示例如下。

镜号	镜头语言	镜头类型	镜头角度	镜头运动	对白/音效	时长
1	艾伦站在巴黎的桥上，远处是黄昏中的埃菲尔铁塔	全景	正面视角	缓慢推镜	无对白，背景音乐轻柔	5秒
2	艾伦低头看着怀表 表情略带犹豫	特写	俯拍	无	"我该怎么做？"（低语）	3秒

在实际拍摄时，导演、摄影师和美术团队会根据分镜头脚本，确保每个镜头的构图、灯光和表演都符合影片的设想。

为DeepSeek设定身份，让其根据身份完成任务，如输入"你是一名专业的美食博主，正在撰写一个关于美食探店的分镜头脚本，事情发生在一家有百年历史的面馆里，脚本中需包括当下热门短视频的热门元素，开篇5秒迅速吸引观众的眼球，中间有反转，结尾有惊喜，文案侧重于情绪表达。分镜头脚本以表格形式呈现以下内容：镜号、景别、画面描述、对话台词（包括人物对话时的动作、语言、神态等，越详细越好）、背景音乐（给出具体的歌曲名称）。"并发送，生成的分镜头脚本如下。

Q 你是一名专业的美食博主，正在撰写一个关于美食探店的分镜头脚本，事情发生在一家有百年历史的面馆里，脚本中需包括当下热门短视频的热门元素，开篇5秒迅速吸引观众的眼球，中间有反转，结尾有惊喜，文案侧重于情绪表达。分镜头脚本以表格形式呈现以下内容：镜号、景别、画面描述、对话台词（包括人物对话时的动作、语言、神态等，越详细越好）、背景音乐（给出具体的歌曲名称）。

A

镜号	景别	画面描述	对话台词	背景音乐
1	特写	镜头快速拉近，一碗热气腾腾的面条出现在桌面，配上滴落的酱汁，蒸汽缭绕，扑面而来的香气	【旁白】（带着惊叹的语气）："这碗面，承载着百年的传承与记忆！"	*Nuvole Bianche* by Ludovico Einaudi，节奏缓慢，营造情感氛围
2	全景	面馆外景，古老的牌匾略显沧桑，来来往往的人群，仿佛带观众回到过去	【旁白】："一座城市的美食，不仅是味蕾的记忆，更是文化的延续。"	背景音乐轻柔进入，带有复古音色
3	中景	镜头进入店内，老板傅老爷子正熟练地拉面，手法干净利落，周围是古老的木桌和时光的印记	傅老爷子微笑："这一碗面，做了几十年，每天都是一样的味道。"（眼神坚定，透露出对手艺的自豪）	*City of Stars* by Ryan Gosling and Emma Stone，音乐温暖，营造出复古浪漫的氛围
4	特写	拉面在手中舞动的慢镜头，面条渐渐成形，老板眼中的认真与专注被放大，细致入微地展现手艺	【旁白】（语气温柔，带有敬佩）："一碗面，简单又复杂，蕴含着手艺人的匠心。"	背景音乐轻柔继续，带有故事感
5	中景	博主（即你）尝了一口面，先是惊讶，接着笑容逐渐扩大，眼中带着兴奋	博主（略带惊讶地停顿）："哇！这面……味道竟然比想象中还丰富。"（表情从惊讶到满足）	音乐节奏开始加快，进入轻快调

（续表）

镜号	景别	画面描述	对话台词	背景音乐
6	特写	博主放下筷子，镜头切到面碗底部，意外发现碗底刻有"百年传承"的字样	博主（惊喜地笑出声）："没想到，碗底还有个惊喜！百年传承的秘密，就在这碗中。"（语气轻快，充满发现惊喜的乐趣）	*Dreams* by Fleetwood Mac，音乐中带着兴奋感与活力
7	全景	镜头缓缓拉远，博主坐在老面馆中，周围人声鼎沸，店内充满温馨感。夕阳照进来，给人岁月静好的感觉	【旁白】："一碗面，不仅温暖了我的胃，还温暖了我的心。"（语气柔和，带着感叹）	*Perfect Day* by Lou Reed，温暖且具有治愈感的结尾音乐

解析如下。

开篇5秒：通过特写与慢镜头，迅速抓住观众的注意力，引发观众的食欲和好奇心。

中间反转：通过博主的惊讶反应，带动观众情绪，展示一碗面中的高超手艺与深厚传承。

结尾惊喜：碗底的"百年传承"字样让人意外，最后通过温馨的环境与博主的情感表达升华主题，引发观众共鸣。

2.2.3 分镜头脚本编写实例

前文讲解了短视频脚本的类型，可能很多人还是"一看就会，一做就废"，但不要忘了还可以利用AI工具。本小节将通过一个实际的案例来展示如何用AI工具制作一个分镜头脚本，并使用AI工具对其进行优化。

对脚本的需求包括脚本字数、主题、包含的情节、对话和情感表达等。

向DeepSeek提出需求，具体如下。

Q 任务：请你创作一个1500字左右的分镜头脚本，以多次减肥最终成功为主题，内容为分镜头脚本应该包含的情节、对话和情感表达，以实现打动观众的效果。

要求如下。

1.在脚本中注明情节、情感表达和对话的内容，以帮助演员和摄影师更好地理解和呈现脚本内容。

2.请以流畅易懂的方式表达情感，使观众能够深刻感受到情节的内涵。

3.请确保脚本中没有涉及任何违规内容，以保证作品的纯净和积极向上。

4.请在提交分镜头脚本前进行校对和修改，以确保文本的准确性和连贯性。

Ⓐ 片名：《减肥之路》。

主题：

讲述主人公经过多次失败，最终通过坚定的毅力和正确的方式成功减肥的励志故事，旨在激励观众坚持不懈，追求健康与自信。

场景1：起点——失败的开始。

镜头：全景。

地点：卧室，夜晚，柔和的灯光洒在房间里，桌子上摆满了快餐盒。

情节：主人公坐在床边，手里拿着薯条，眼神迷茫地看着电视。桌上散乱着一堆快餐食品，显示出她多次尝试减肥却又忍不住放弃的挣扎。

情感表达：疲倦、失望。主人公的眼神流露出对自我无法控制的无奈与失落。

对话如下。

（旁白，主人公内心独白）："为什么我总是坚持不下去？每次都告诉自己，明天会更好，可是到了晚上，我就输给了欲望。"

场景2：第一阶段——决心。

镜头：中景。

地点：清晨，主人公站在镜子前，穿着紧身运动装，决心满满。

情节：她对着镜子深呼吸，紧握拳头，眼神坚定，似乎鼓起了勇气，准备开始新的一轮减肥计划。

情感表达：决心、希望。主人公眼中闪烁着希望，充满信心地认为这次自己一定能成功。

对话如下。

（主人公）："这次，我一定要坚持下去！不再半途而废。"

场景3：初期挑战。

镜头：特写。

地点：健身房，运动器械前。

情节：主人公在跑步机上剧烈喘息，汗水顺着额头滑落。她开始感到体力不支，脸上露出痛苦的表情。

情感表达：疲倦、犹豫。主人公开始怀疑自己的能力，内心在挣扎，是否应该继续坚持。

对话如下。

（旁白，主人公内心独白）："太累了，我真的能做到吗？为什么每次都是这样，身体根本支撑不住……"

场景4：中途退缩。

镜头：全景。

地点：主人公家中，餐桌上。

情节：主人公坐在餐桌旁，面前是各种零食和甜点。她垂头丧气地坐在椅子上，手无力地伸向桌上的甜食，最终忍不住拿起一块蛋糕吃了起来。

情感表达：无力、自责。她吃着蛋糕，眼神空洞，仿佛在责备自己无法控制食欲。

对话如下。

（主人公叹气）："又失败了，我真的没有办法改变自己吗？"

场景 5：自我反思。

镜头：近景。

地点：卧室，夜晚，手机屏幕的微光映在主人公的脸上。

情节：主人公躺在床上，翻看着手机上的减肥视频和成功故事。她的眼神逐渐从迷茫转为专注，仿佛找到了新的动力。

情感表达：思索、重新燃起希望。主人公通过视频中的故事，意识到每一次的失败都是她走向成功的一部分。

对话如下。

（旁白，主人公内心独白）："也许我太急功近利了，别人成功也不是一蹴而就。我需要找到适合自己的方式，慢慢来。"

场景 6：重新开始。

镜头：全景。

地点：晨曦微露的公园跑道。

情节：天刚亮，主人公穿着运动装，迈着轻快的步伐在公园跑步。她呼吸均匀，脸上带着淡淡的微笑。

情感表达：希望、积极。经过反思，她不再急于求成，而是享受过程。

对话如下。

（旁白，主人公内心独白）："我会一步一步来，不再逼自己太紧。重要的是坚持，而不是速度。"

场景 7：饮食调整。

镜头：中景。

地点：厨房，阳光透过窗户洒在桌子上。

情节：主人公正在精心准备一份健康的餐点。她摆放着新鲜的蔬菜和瘦肉，整个场景充满了生活气息和健康的感觉。

情感表达：自律、满足。她看着手中的健康食品，微笑着享受着自己努力带来的改变。

对话如下。

（旁白，主人公内心独白）："每一天都是新的开始，不是为了快速瘦下来，而是为了变得更健康、更自信。"

场景 8：持续努力。

镜头：多镜头剪辑。

地点：健身房、公园、家中。

情节：一系列剪辑展示主人公坚持不懈地进行运动、合理饮食，日复一日，她的体态逐渐改善，脸上的笑容越来越灿烂。

情感表达：坚持、成就感。随着不断努力，主人公的自信心逐渐增强，内心充满了对自己的认可。

对话如下。

（旁白，主人公内心独白）："我终于明白了，减肥从来不是一场短期的战斗，而是长期的自我管理。"

场景 9：最终成功。

镜头：全景到特写。

地点：户外，阳光灿烂，主人公站在高处俯瞰城市景观。

情节：主人公穿着合身的衣服，神采飞扬，充满自信地站在山顶，深呼吸，享受着属于自己的成功时刻。

情感表达：自信、喜悦。主人公成功瘦身后，内心充满了对自己坚持不懈的感激与骄傲。

对话如下。

（旁白，主人公内心独白）："我终于做到了。这一路的跌跌撞撞让我学会了坚持与自爱。真正的胜利不是体重的变化，而是我对自己的掌控。"

场景 10：结尾——向前看。

镜头：远景。

地点：山顶，夕阳西下。

情节：主人公面向远方，目光坚定，阳光洒在她的身上，象征着新的开始。

情感表达：希望、未来。她的内心不再焦虑于过去，而是充满对未来的期待与信心。

对话如下。

（旁白，主人公内心独白）："减肥成功只是起点，未来的路上，我会继续努力，追求更好的自己。"

结尾字幕：

"每一次失败，都是成功的垫脚石。坚持下去，你终会看到最好的自己。"

备注：

本分镜头脚本以情感递进和主人公的内心变化为主线，旨在通过真实的情感表达和生活场景，打动观众，引发共鸣。

脚本的基本框架有了，但是仍然不够具体，这个时候就可以继续给AI下达指令"内容还是有点太简单了，请帮我再丰富一下，加入人物的情绪和对话，并为人物取名"。

于是AI又会进行创作，并基于前面生成的脚本框架生成新的回答。

Q 内容还是有点太简单了，请帮我再丰富一下，加入人物的情绪和对话，并为人物取名。

A 片名：《减肥之路》。

主人公：林菲。

场景1：起点——失败的开始。

镜头：全景。

地点：卧室，夜晚，光线昏暗。桌上摆着外卖盒，旁边是扔掉的健身卡。电视上播放着喜剧，但林菲却没有笑。

情节：林菲蜷缩在沙发上，手里握着炸鸡，眼神呆滞，机械地往嘴里送。她把手伸进薯条盒子时，发现已经吃光了，愣了一下，随后长叹一声。

情感表达：失落、无力。林菲深知自己陷入了恶性循环，但无法挣脱。内心充满了自我厌弃。

对话如下。

（林菲自言自语，声音低沉）："又失败了……为什么我连控制自己都做不到？"

场景2：第一阶段——决心。

镜头：中景。

地点：卧室，清晨。阳光透过窗帘洒进房间，林菲站在镜子前，凝视着自己。

情节：林菲脱掉宽松的睡衣，仔细打量自己的身体。她摸了摸自己的腹部，眉头紧锁，然后一咬牙，走向房间角落的瑜伽垫。

情感表达：坚定、对自我不满。林菲对现状充满了厌倦，内心涌动着想要改变的强烈渴望。

对话如下。

（林菲对镜子轻声说）："这一次，我必须成功，不管有多难。"

（旁白，林菲内心独白）："我知道这条路不会轻松，但我已经受够了。"

场景 3：初期挑战。

镜头：特写。

地点：健身房，林菲在跑步机上奔跑，汗水流过她的脸颊。

情节：林菲气喘吁吁，步伐变得沉重，几次尝试调慢速度，但又不甘心放弃。她环顾四周，看到其他人在轻松锻炼，眼神中充满了焦虑和自我怀疑。

情感表达：疲惫、焦虑、怀疑。林菲感到自己可能永远无法像其他人一样轻松自如，内心开始动摇。

对话如下。

（林菲咬牙对自己低声说）："不能放弃，林菲，你不能再一次放弃……"

（旁白，林菲内心独白）："为什么我总是这么弱？别人能坚持的事情，我为什么做不到？"

场景 4：中途退缩。

镜头：全景。

地点：家中，林菲坐在沙发上，身边放着一个蛋糕盒子。电视机亮着，但她的目光空洞。

情节：林菲拿起一块蛋糕，手指停在半空，犹豫片刻后，最终把蛋糕放进嘴里。咀嚼的动作慢慢停下，她眼角泛起泪光。

情感表达：内疚、自责、绝望。她意识到自己又一次放弃了努力，内心充满了深深的自我厌弃。

对话如下。

（林菲对自己轻声自嘲）："你看，你还是忍不住……你就是做不到的。"

（林菲泪眼模糊）："我真的这么没用吗？为什么就不能坚持？"

场景 5：自我反思。

镜头：近景。

地点：卧室，深夜。林菲坐在床边，拿着手机，屏幕上播放着减肥成功的视频。房间内一片安静，手机屏幕的光映在她的脸上。

情节：林菲刷着视频，看到其他人讲述自己如何一步步坚持，如何面对挫折。她的眼神渐渐从失落转为沉思，开始对自己的失败进行反思。

情感表达：反思、觉醒。林菲逐渐意识到，自己太急于求成，每次都想一蹴而就，却忽视了真正的坚持和过程。

对话如下。

（林菲轻声喃喃）："他们也失败过，不止一次……也许我只是走得太快了，忘了脚踏实地。"

（旁白，林菲内心独白）："也许，这不是输赢的问题，而是我对自己的期望太过苛刻了。我应该慢慢来，找到适合自己的方法。"

场景 6：重新开始。

镜头：全景。

地点：公园，清晨。晨曦中的公园宁静而美丽，林菲迈着轻快的步伐，穿着简洁的运动装，慢跑在清新的空气中。

情节：林菲一边慢跑 一边享受着周围的自然风景。她的呼吸均匀，脸上带着轻松的笑容，步伐不再急促。

情感表达：平静、轻松。林菲不再急于追求结果，而是开始享受过程，专注于每一个小小的进步。

对话如下。

（林菲心情轻快地对自己说）："没关系，今天的跑步轻松一点也没事，重要的是我在继续。"

（旁白，林菲内心独白）："这一次，我不会逼自己太紧。我学会了保持耐心，这才是最重要的。"

场景 7：饮食调整。

镜头：中景。

地点：厨房，阳光透过窗户，温暖的光线照亮了厨房。林菲正在切新鲜的蔬菜，身边放着一本健康食谱。

情节：她认真地准备一份健康的午餐，动作轻松自如。偶尔她会停下来，看着手里的食物，嘴角带着微笑。

情感表达：满足、自律。林菲不再把健康饮食当成负担，而是学会了享受这种新的生活方式，内心充满了平和与自豪。

对话如下。

（林菲对自己笑道）："原来健康的食物也可以这么好吃，我以前一直都错过了。"

（旁白，林菲内心独白）："改变不一定是痛苦的，它也可以是一种新的享受。"

场景 8：持续努力。

镜头：多场景剪辑。

地点：健身房、公园、家中。林菲的锻炼和饮食调整日复一日进行，镜头切换显示她从刚开始的疲惫到现在的愉悦与自信。

情节：她在健身房中进行力量训练、在公园中跑步、在家中准备健康的饮食，每一次都带着微笑，专注于自己的进步。

情感表达：坚持、成就感。林菲的内心充满了对自己的认同和自豪，开始真正享受这段过程，而不再急于结果。

对话如下。

（旁白，林菲内心独白）："慢慢来，一切都在变好。我不再害怕失败，因为我知道，每天的坚持都是一种胜利。"

场景 9：最终成功。

镜头：全景到特写。

地点：户外，阳光明媚。林菲站在山顶，俯瞰整个城市，微风轻拂着她的头发。她穿着合身的运动装，神采飞扬。

情节：林菲闭上眼睛，深呼吸，脸上露出满足的笑容。她低头看了看自己的身材，眼神中充满了成就感和自豪。

情感表达：自信、骄傲。她终于达到了目标，不仅是体重的变化，更是内心的成长和对自我的掌控。

对话如下。

（林菲微笑，自言自语）："我做到了……不仅是减肥，更是对自己的掌控。"

对这个脚本再进行润色，要求AI以表格的形式呈现，最终结果如表2-3所示。

表2-3

场景	镜号	景别	画面内容	台词	背景音乐	时长
卧室夜晚	1	全景	林菲坐在沙发上，手里拿着炸鸡，桌上是快餐盒，内心充满失落	林菲自言自语："又失败了……为什么我连控制自己都做不到？"	忧伤的音乐	3秒
卧室清晨	2	中景	林菲站在镜子前，决心满满，准备开始新一轮减肥计划	林菲对镜子说："这一次，我必须成功，不管有多难。"	鸟鸣声、微风声	3秒
健身房	3	特写	林菲在跑步机上，疲惫不堪，内心开始动摇	林菲咬牙对自己低声说："不能放弃，林菲，你不能再一次放弃……"		5秒
家中	4	全景	林菲拿起蛋糕，最终忍不住吃了，眼角泛泪	林菲轻声自嘲："你看，你还是忍不住……你就是做不到的。"	电视背景音	3秒
卧室深夜	5	近景	林菲看减肥成功的视频，开始反思自己的失败，眼神变得专注	林菲轻声说："也许我只是走得太快了，忘了脚踏实地。"	视频背景音	5秒
公园清晨	6	全景	林菲轻松跑步，享受过程，不再急于求成	林菲对自己说："没关系，今天的跑步轻松一点也没事，重要的是我在继续。"	轻松的音乐	4秒

（续表）

场景	镜号	景别	画面内容	台词	背景音乐	时长
厨房晴天	7	中景	林菲精心准备健康餐点，脸上露出满足的笑容	林菲笑着说："原来健康的食物也可以这么好吃。"	轻松的音乐	3 秒
健身房公园家中	8	多镜头剪辑	林菲日复一日地坚持运动与健康饮食，身心都在变化	林菲内心独白："慢慢来，一切都在变好。我不再害怕失败。"	轻快的音乐	5 秒
山顶日出	9	全景到特写	林菲站在山顶，俯瞰城市，内心充满自豪与成就感	林菲微笑着自言自语："我做到了……不仅是减肥，更是对自己的掌控。"	有节奏感的音乐	3 秒

是不是没有想过AI还能创作脚本呢？除了可以用AI直接生成脚本之外，还可以给AI提供一些脚本的资料让它进行总结，然后进行二次创作，这样得到的脚本质量会更高、更有针对性。

2.3 使用即创生成短视频脚本

即创是抖音官方推出的一站式电商智能创作平台，具有视频创作、图文创作、直播创作三大模块。借助AI能力可节省短视频创作和直播的成本、时间，全方位地满足短视频创作者的创作需求。

2.3.1 认识即创平台

即创平台深度融合抖音电商生态，集合了智能策划、内容制作、数据分析等多元化工具与功能，可帮助用户轻松实现内容创新、优化商品展示，并精准触达目标受众。即创以用户需求为核心，通过智能化技术驱动，简化创作流程，降低创作门槛，让创作者能够快速上手，高效产出高质量电商内容。

在搜索引擎的搜索框中输入"即创"并进行搜索，搜索结果如图 2-7所示。

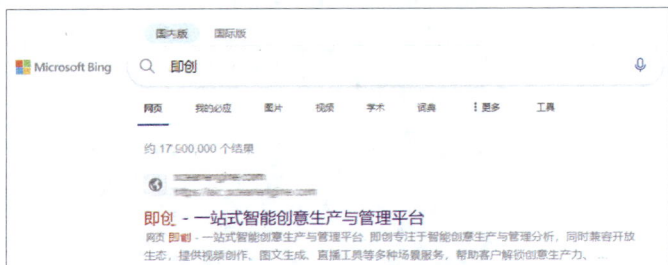

图 2-7

单击搜索结果，进入即创的登录界面，如图2-8所示。

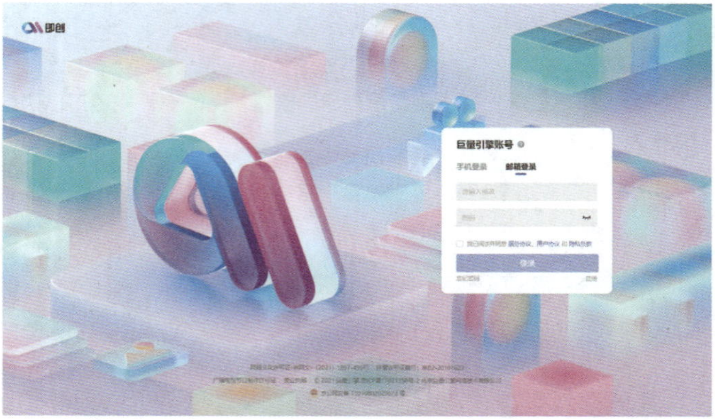

图 2-8

登录并加入组织后进入即创的首页，如图2-9所示。

图 2-9

2.3.2　脚本生成功能

即创的视频创作模块为用户提供了脚本生成功能，用户只需要移动鼠标指针至首页中的"AI视频"，展开菜单栏后，单击"AI视频脚本"，如图 2-10所示。

图 2-10

打开的脚本生成界面如图 2-11所示。用户在该界面中可以选择产品类别，输入产品信息、推广场景、产品卖点、脚本风格、优惠活动、适用人群、用户痛点、适用场景和脚本字数等参数。

图 2-11

输入信息后单击"立即生成"按钮，即可生成脚本，生成的脚本如图2-12所示。

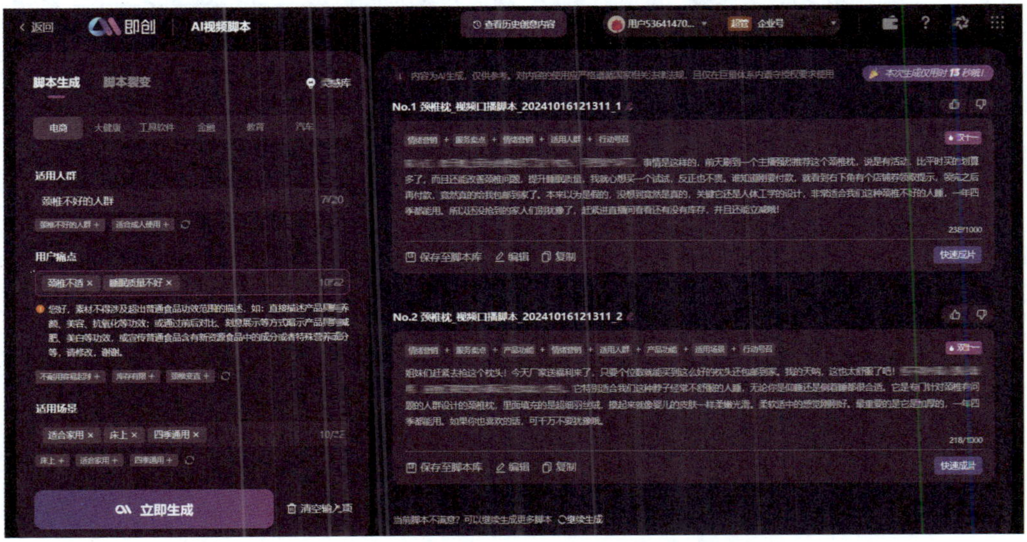

图 2-12

生成脚本后即创会识别脚本内容，并自动对脚本内容进行分类，添加标签。单击标签就可以选中脚本中相对应的内容，如图 2-13 所示。

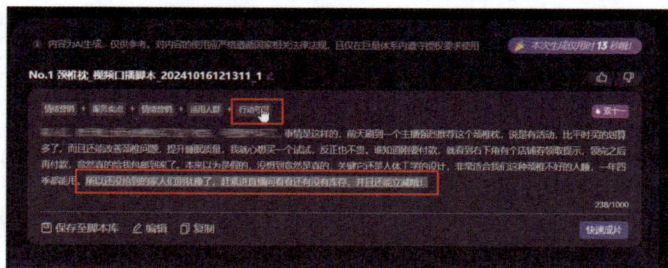

图 2-13

用户可以将脚本保存至脚本库，也可以选择编辑或复制脚本，甚至可以通过快速成片功能使用数字人制作视频，非常方便。

2.3.3　脚本裂变功能

当用户创作了一个不错的脚本，还想接着创作同类型的脚本时，就可以使用即创中的脚本裂变功能，有效提升工作效率。

在即创的脚本生成界面中单击"脚本裂变"按钮，即可切换至脚本裂变界面，如图 2-14 所示。用户在该界面中输入参考脚本、产品信息和产品卖点，单击"立即生成"按钮，即创就可以对脚本进行裂变，生成新的脚本。

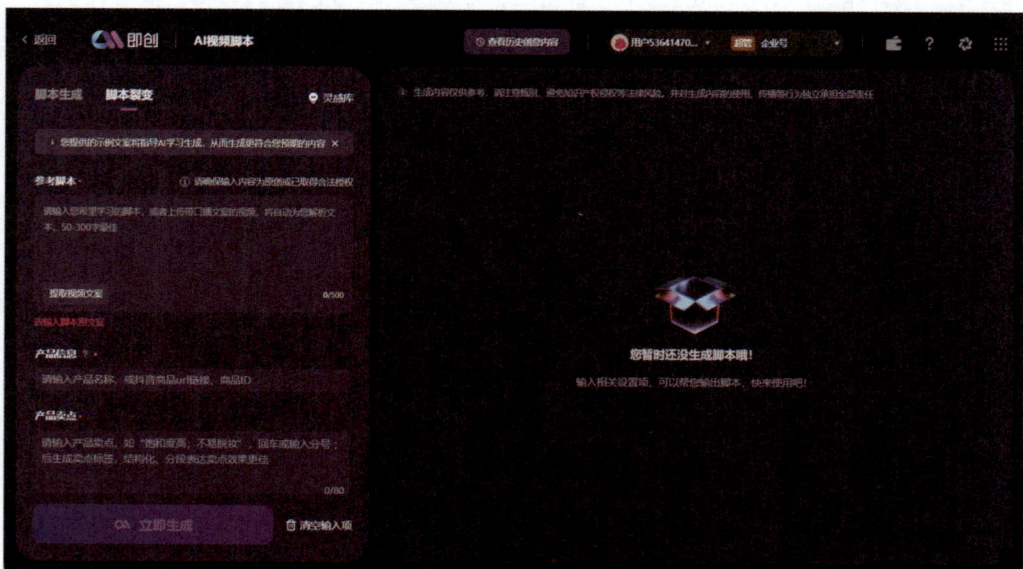

图 2-14

　　使用脚本裂变功能不仅可以裂变同类型产品的脚本文案，还可以裂变不同类型产品的脚本文案，输入参考脚本、产品信息和产品卖点后单击"立即生成"按钮，即可开始脚本裂变，如图 2-15 所示。

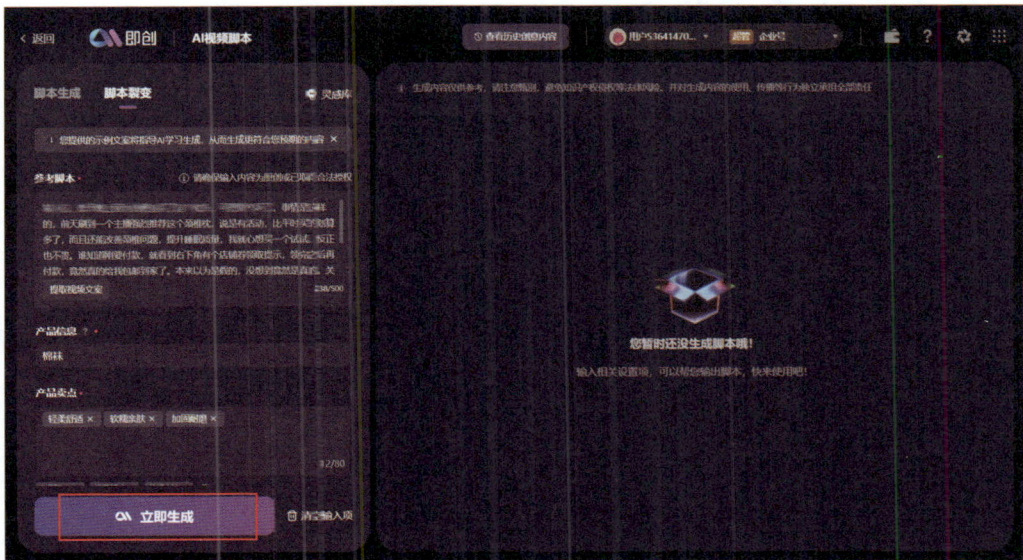

图 2-15

　　生成结果如图 2-16 所示，即创会生成两个脚本供用户选择。

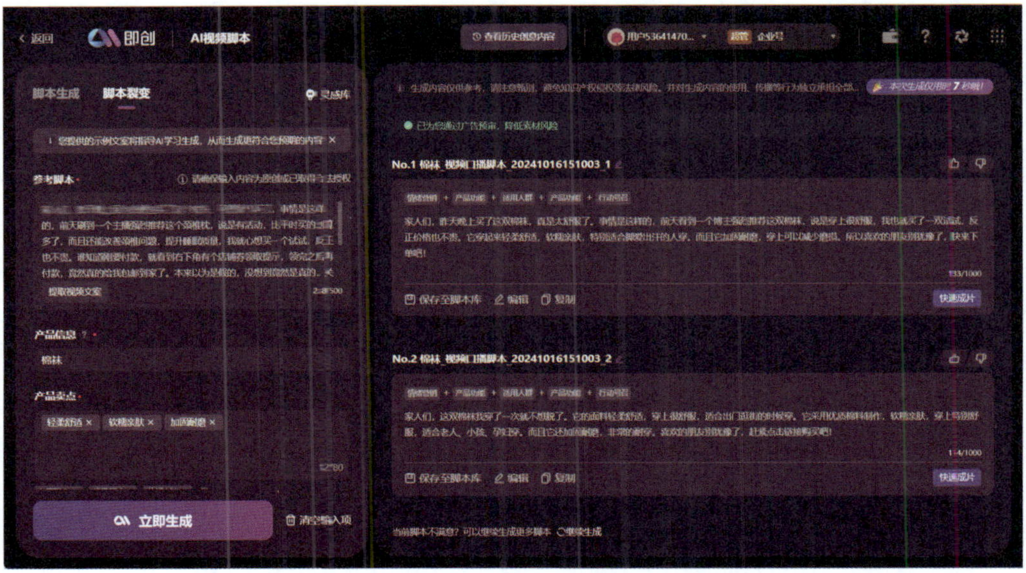

图 2-16

第3章

文案策划：

巧用AI爆款文案批量生产

文案能够清晰、准确地传递信息，包括产品特性、服务内容、品牌理念等，帮助目标受众了解并认识短视频内容。对刚开始接触文案制作的人而言，创作文案并不是一件轻松的事，如今，大家可以借助AI来完成这项工作。

3.1　AI文案的基础知识

文案以文字来表现已经制定的创意策略。本节主要介绍AI文案的概念、生成原理及特点，帮助读者熟悉AI文案的基础知识，为后面的学习奠定良好的基础。

3.1.1　AI文案的概念

AI文案是依托人工智能技术生成的营销或宣传文本，强大的人工智能技术可以帮助用户轻松地将自己的想法变成文字内容。AI文案是由AI生成的文案，用户只需要输入关键词或者句子，就能得到基本符合自己想法和要求的文案，既专业又高效。

以DeepSeek为例，向它提问"你了解短视频吗？"，获得的文案如图 3-1所示。

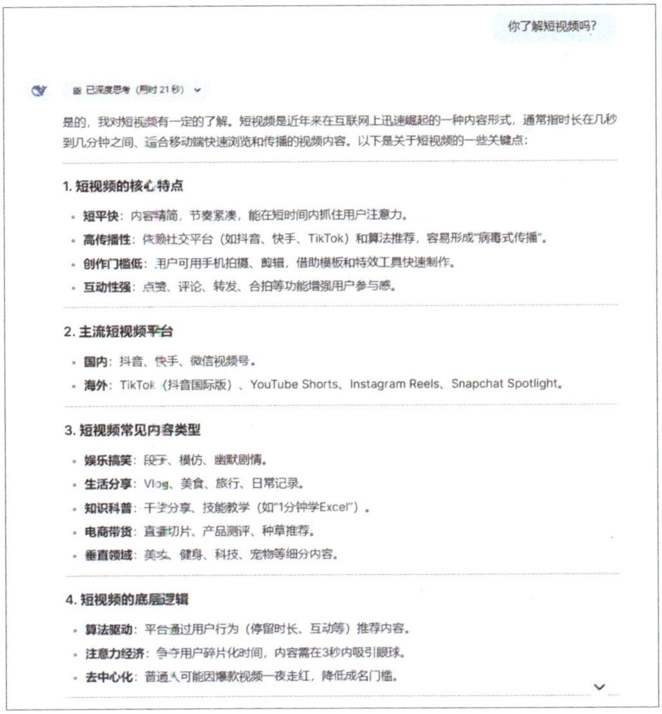

图 3-1

在实际工作中，好的文案可以让产品得到良好的营销和宣传，扩大目标市场。文案创作需要丰富的写作技巧和经验，对许多产品和服务的文案写作者来说有一定的难度，这时可使用AI工具解决这一系列难题。

3.1.2　AI文案的生成原理

在数字化时代，内容创作已成为各行各业的必备技能。然而，面对海量的信息和快节奏的工作环境，创作效率往往会制约内容生产。此时，AI工具应运而生，以其高效、精准的特点成为提升创作效率的新宠。

AI文案生成基于自然语言处理（Natural Language Processing，NLP）和机器学习（Machine Learning，ML）等技术，通过分析大量语料库，学习语言规则和语义逻辑，进而生成符合要求的文本内容。目前，AI文案生成已被广泛应用于广告、媒体、电商等多个领域，帮助企业快速生成营销文案、新闻报道和产品描述等。一般的AI文案生成过程分为以下几步。

- **数据收集：** AI工具需要大量的文本数据，这些数据可以来自网站、社交媒体等，国内常用的社交媒体有微博等，如图3-2所示。

图 3-2

- **文本预处理：** AI工具需要对输入的文本进行预处理，包括分词、标注、句法分析等，以便更好地理解文本的结构和意义。
- **模型训练：** AI工具通常会使用机器学习算法来训练模型，如神经网络、随机森林等，训练出来的模型可以预测给定文本的下一个单词或句子。
- **文本生成：** 模型训练完成后，AI工具可以根据用户需求生成相应的文本，这通常需要将用户输入的文本转换为向量表示，再将其输入模型，以便生成下一个单词或者句子。
- **文本优化：** 生成的文本通常需要进行优化，以确保其质量达标，可以使用A/B测试等方法进行评估和优化。

3.1.3　AI文案的特点

AI工具可以根据不同的需求调整语气和情感，让文案更贴合品牌调性和目标人群。与此同时，AI文案还能在创作过程中多次修改、反复调整，让创作者快速尝试各种创意，大大提高内容制作的效率。

- **自动生成：** AI文案是自动生成的，不需要人工撰写，在进行内容创作时可以节省时间和人力资源。
- **高效率完成：** AI文案的生成速度非常快，可以在短时间内大量生成可用的文本。对于需要在短时间内完成大量营销文案的企业来说，使用AI工具生成文案能够提升内容产出效率。

- **个性化定制**：AI工具可以根据用户数据分析用户喜好，从而根据不同的目标受众和营销目的定制具体内容。
- **不断改进和优化**：AI工具可以根据数据分析和A/B测试结果进行改进和优化，进而提高文案转化率。
- **风格一致性**：使用同一模型生成的AI文案通常具有一致的语言风格和格式。
- **机器学习能力强大**：一些AI工具使用机器学习技术，可以根据以往的文案数据和反馈进行优化和调整，从而生成更好的文案。
- **创造性优先**：虽然AI文案的生成效率极高，但由于其自动化的特性突出，创造忄和创新性优先，因此对AI生成文案的审查非常重要，以确保文案的质量。

3.2 常用的AI文案生成工具

了解了AI文案的概念后，本节将会介绍几款常用的AI文案生成工具，帮助用户熟悉AI文案生成工具的使用方法。

3.2.1 文心一言

前面已经介绍过文心一言的使用方法，用户只需要在输入框中输入自己的需求并发送，文心一言就会生成回复，如图 3-3 所示。

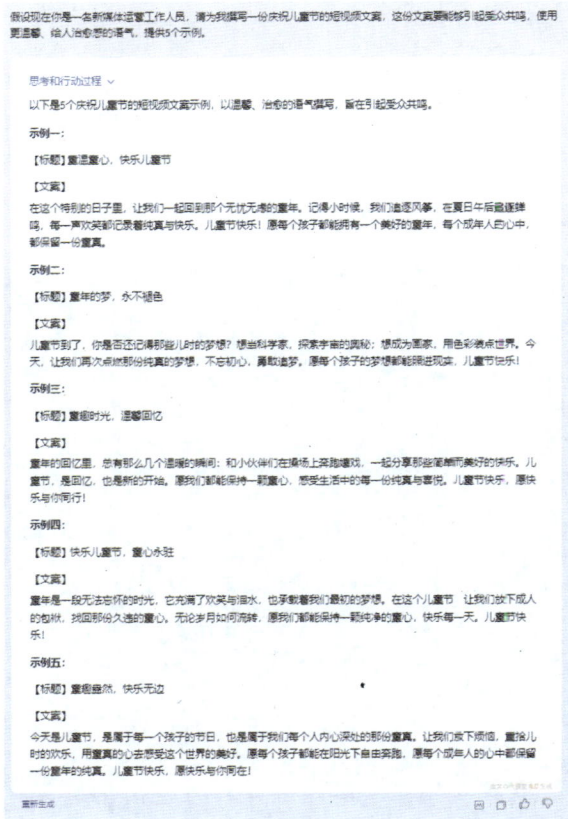

图 3-3

3.2.2 DeepSeek

DeepSeek的使用方法与文心一言相似，用户在输入框中输入需求并发送，DeepSeek将根据输入内容生成回复。此外，DeepSeek的R1深度思考模式可以拆解复杂的问题，更充分地理解用户的需求，用户可以查看其思考过程，如图 3-4 所示。

▶ 提示

文心一言与DeepSeek的使用方法大同小异，前面也已介绍过，此处仅做简单介绍。

图 3-4

3.2.3 剪映

剪映为用户提供了智能文案功能，可以直接在剪映中生成文案，省去了在文心一言或DeepSeek中生成文案再导入剪辑软件的步骤，更加便捷快速。

启动剪映专业版，新建剪辑项目后新建一段文本素材，选中文本素材，在窗口中单击"智能文案"按钮，如图 3-5 所示。

图 3-5

此时，剪映会弹出智能文案对话框，并根据用户常用的文案类型文主题进行分类，如图 3-6所示。

图 3-6

3.2.4　腾讯智影

为了满足用户的创作需求，腾讯智影提供了AI创作功能，降低了文案创作的门槛，帮助用户快速创作文案。

在搜索引擎中搜索并进入腾讯智影官网，单击页面中的"立即体验"按钮，如图 3-7 所示。

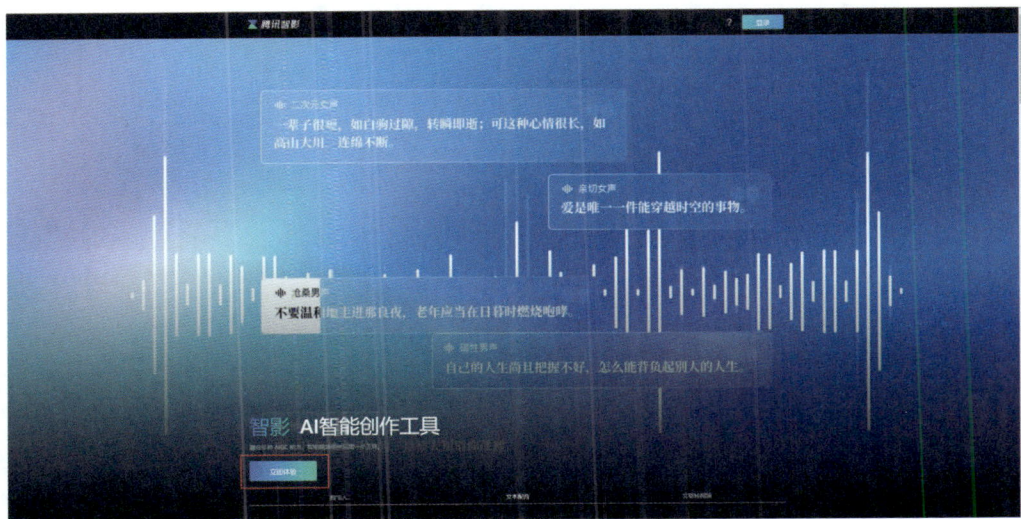

图 3-7

此时将弹出登录对话框，如图 3-8所示。腾讯智影支持微信登录、手机号登录、QQ登录和账号密码登录4种登录方式，用户可以随意选择。

图 3-8

登录后，进入腾讯智影的"创作空间"页面，在"智能小工具"模块中单击"文章转视频"，如图 3-9 所示。

图 3-9

进入"文章转视频"页面，如图 3-10所示，在"请帮我写一篇文章，主题是"下方的文本框中输入文案主题后，单击右侧的"AI创作"按钮，即可开始生成。

图 3-10

▶ 提示

因为"文章转视频"功能使用了腾讯视频中的视频内容作为素材，所以在使用时需要申请授权，第一年可以免费使用，后续以及其他功能需要开通会员才能使用。

3.2.5 一帧秒创

在一帧秒创中，用户可以先使用"AI帮写"功能生成文案，再选择文案进行视频生成。

在搜索引擎中搜索"一帧秒创"并进入其官网，单击页面中的"立即创作"按钮，如图 3-11 所示。

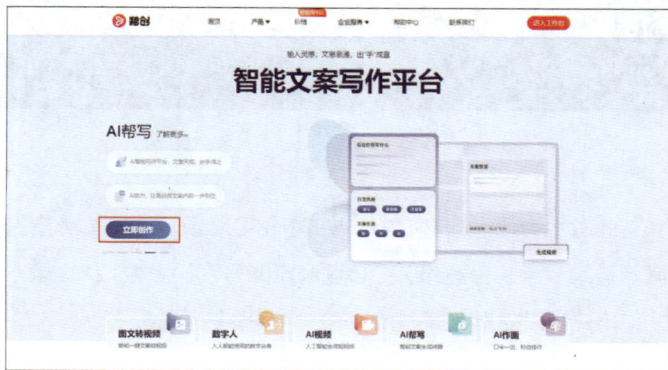

图 3-11

登录页面如图 3-12所示，一帧秒创提供了手机登录、微信扫码登录和微博登录3种方式，用户选择适合自己的方式完成登录即可。

图 3-12

登录后进入一帧秒创的首页，单击"AI帮写"按钮，如图 3-13所示。

图 3-13

进入"AI帮写"页面，如图 3-14所示，用户可以在这里选择合适的文案类型进行AI帮写操作。

图 3-14

选择好类型后，在输入框
中输入文案主题，如图 3-15
所示，输入后单击"立即生
成"按钮，即可生成文案。

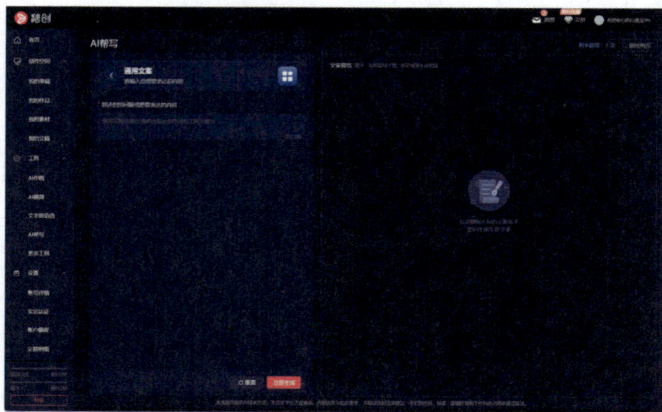

图 3-15

▶ 提示

非会员用户每日有3次免费试用"AI帮写"功能的额度，除了单击"生成文案"按钮会消耗额度，只要在生
成的文案下方单击"文案补充""文本润色""文案精简""取标题"按钮中的任意一个，也会消耗每日
免费试用额度。

3.3 生成5种不同的短视频文案

在掌握了常用的AI文案生成工具的使用方法后，本节将以DeepSeek为例，向读者介绍如
何使用AI文案生成工具来生成5种不同的短视频文案，从而创作出吸引人的短视频内容。

3.3.1 生成互动体验类短视频文案

互动体验类短视频文案指在短视频中用于描述、引导和激发受众参与互动的文字内容，
这类文案的最主要目的是吸引受众的注意力，并引导受众积极参与短视频中的活动。使用
DeepSeek生成互动体验类短视频文案，需要输入具体的需求和恰当的关键词进行引导，详细的
操作步骤如下。

在DeepSeek的输入框中输入需求，如输入"提供互动体验类短视频文案示例"，确认
DeepSeek是否了解互动体验类短视频文案，发送后，DeepSeek生成的回复如下。可以看
出，DeepSeek给出了能够引导受众参与互动的文案。

以下是五个互动体验类短视频文案示例，旨在通过设计有趣的互动环节，鼓励观众参
与并分享他们的体验。

示例 1

文案："你还记得童年最难忘的游戏吗？在评论区和我们分享你的回忆，看看谁的游戏最经典！"

标签：#童年回忆 #经典游戏 #互动体验

示例 2

文案："你更喜欢咖啡还是茶？投票告诉我们，看看哪个阵营更强大！"

标签：#咖啡vs茶 #你站哪边 #趣味互动

示例 3

文案："三秒内想到一个让你微笑的瞬间，写在评论区，一起分享这份温暖！"

标签：#美好瞬间 #治愈时刻 #分享快乐

示例 4

文案："用一个词形容你的2024年，在评论区见证你的未来！"

标签：#2024关键词 #新年愿望 #未来展望

示例 5

文案："打开手机相册的第10张照片，看看它有什么故事？在评论区与我们分享吧！"

标签：#相册故事 #生活片段 #互动分享

这些文案通过提问、投票和分享故事等形式，引导观众参与互动，增加短视频的参与度和互动性。

在DeepSeek的输入框中输入具体需求，如输入"用互动体验类短视频文案的写法，为宣传新开业的咖啡店提供一篇完整的短视频文案，字数为150字至300字"，生成的回复如下。

以下是一篇宣传新开业咖啡店的互动体验类短视频文案，字数控制在150字至300字之间。

（镜头切换）

【画面1】阳光洒在咖啡店的窗台上，新鲜烘焙的咖啡豆在咖啡机中翻滚，散发出诱人的香气。

【字幕】"你最喜欢哪种咖啡香味？在评论区告诉我们，让我们猜猜你是哪种咖啡控！"

（音乐渐强，轻松愉悦的背景音乐）

【画面2】店员手工拉花，镜头特写展示精美的咖啡拉花艺术。

【字幕】"快来挑战！上传你的咖啡拉花作品，赢取本店特别礼物！"

【画面3】顾客在温馨的环境中品尝咖啡，书架上的图书可随意拿取。

【字幕】"我们创造了一个属于你的'第三空间'。在这里，咖啡不只是饮品，更是一种生活方式。"

（音乐柔和过渡）

【画面4】咖啡店的外景，门口排满了顾客，大家脸上洋溢着微笑。

【字幕】"快来体验我们特别为你准备的新店开业惊喜！关注我们，了解更多活动详情。"

（音乐进入高潮，结束）

【结尾】"喜欢哪款咖啡？下次来店里试试吧！参与互动赢取免费咖啡券！"

标签：#新店开业 #咖啡控必打卡 #互动赢好礼

这段文案通过提问、挑战和礼品互动等方式，吸引观众关注并参与互动，同时传达了咖啡店温馨、精致的氛围，增加了品牌的亲和力和吸引力。

用户获得DeepSeek生成的文案之后，可以对文案的语言风格、内容结构等进行优化调整，并引导DeepSeek生成与视频主题相契合的分镜头脚本。

3.3.2　生成情节叙事类短视频文案

情节叙事类短视频文案是指以讲故事的形式来描述短视频内容的文字。这类文案通常用于协助镜头语言呈现现实生活或反衬、映射现实生活，以讲故事的方式吸引观众。

情节叙事类短视频文案的内容包括但不限于亲情故事、爱情故事、友情故事等关乎人类情感的故事。如今，在各大短视频平台中，最为热门的情节叙事类短视频文案多是创作者虚构的爱情故事，将其作为短视频脚本，用镜头的方式呈现出来。

用户使用DeepSeek生成情节叙事类短视频文案时，可以让DeepSeek虚构故事，再让DeepSeek将故事改成短视频脚本，具体操作步骤如下。

（1）让DeepSeek虚构一个故事，如在输入框中输入"提供一个关于男女主角邂逅的故事，包括比较独特的场景、人物对话和心理独白，字数控制200字以内"并发送，DeepSeek生成的回复如下。

故事情节：

在一家复古的黑胶唱片店，男主角杰森正翻看着一张罕见的爵士唱片。他不经意间抬头，看到女主角艾丽在另一侧的书架前，手里拿着一张同样的唱片。两人的目光在空中交会，仿佛时间在这一刻停滞。

对话如下。

杰森："看来我们的音乐品位很相似。"

艾丽微笑："或许，这就是命运的安排吧。"

心理独白：

杰森心中泛起一种久违的悸动："这是多久以来，第一次有一个人让我如此着迷。她的眼神里，有着与我一样对过去的怀念与对未来的期待。"

艾丽轻轻抚摸着唱片："这张唱片承载着记忆，而他，似乎也在我心中留下了不可磨灭的印记。"

两人微笑，仿佛都明白彼此心中的那份悸动与共鸣。

（2）让DeepSeek将所虚构的故事改为短视频脚本，如在输入框中输入"将上述故事用分镜头脚本的方式呈现。分镜头脚本要以表格的形式呈现以下内容：镜号、景别、画面描述、对话台词（包括人物对话时的动作、语言、神态等，越详细越好）、背景音乐（给出具体的歌曲名称）"，发送后，DeepSeek生成的回复如下。

镜号	景别	画面描述	对白台词	背景音乐
1	特写	杰森的手指轻轻划过黑胶唱片封面，镜头缓缓上移，看到他专注的眼神	无	轻柔的爵士乐 Autumn Leaves 开始播放，声音缓缓增大
2	中景	杰森抬头，眼神被不远处的艾丽吸引，她正站在另一侧的书架前，手里拿着一张相同的唱片。两人的目光在空中交汇，店内的灯光柔和地洒在他们身上	无	背景音乐继续，营造出一种温馨、怀旧的氛围
3	近景	杰森轻笑，走近艾丽，声音温和："看来我们对音乐的品位很相似。"	杰森微笑，目光温柔："看来我们对音乐的品位很相似。"	音乐稍微减弱，给对话留下空间
4	特写	艾丽微微一笑，眼中带着一丝好奇与欣喜："或许，这就是命运的安排吧。"她低头看了看手中的唱片，然后再次看向杰森	艾丽微笑，语气轻柔："或许，这就是命运的安排吧。"	背景音乐重新缓缓升起，伴随他们的对话
5	中景	两人对视，空气中弥漫着一种温暖而略带紧张的气氛	无	音乐逐渐达到高潮，Autumn Leaves 的旋律在空气中萦绕，强化了情感氛围
6	特写	杰森的心理独白：他的眼神中透露出一种久违的悸动："这是多久以来，第一次有一个人让我如此着迷……"	无	背景音乐继续，略带感伤的旋律强化了内心的感受

（续表）

镜号	景别	画面描述	对白台词	背景音乐
7	近景	艾丽轻轻抚摸着唱片，内心思绪万千："这张唱片承载着记忆，而他，似乎也在我心中留下了不可磨灭的印记。"	无	音乐缓缓减弱，给独白留下空间，氛围温馨
8	中景	两人相视一笑，仿佛都在这一刻明白了彼此心中的那份悸动与共鸣	无	背景音乐缓缓结束，留下一丝余韵

这个分镜头脚本通过细腻的情感表达和温暖的音乐，展现了两位主角在复古唱片店中相遇的独特场景。

3.3.3 生成干货分享类短视频文案

干货分享类短视频文案是在短视频内进行知识分享、实用性技能传授的文字，能够帮助受众丰富知识技能、提高能力或解决问题。这类文案的呈现形式可以是图文视频，也可以是口播视频。本小节以口播视频为例，介绍使用DeepSeek生成干货分享类短视频的操作方法。

在DeepSeek的输入框中输入对话前提，如发送"提供完整的口播短视频脚本文案示例"，确认DeepSeek是否了解口播短视频脚本文案的写法，DeepSeek生成的回复如下。

以下是一个完整的口播短视频脚本文案示例，适用于生活类、励志类内容的短视频。

标题："每天进步一点点，这就是成功的秘密"

画面描述如下。

开头：一个温暖的早晨，阳光透过窗帘洒在床上，手机闹钟响起。

中段：主角起床，开始一天的工作，镜头切换展示他在不同场景中的努力与坚持。

结尾：夜晚，主角坐在书桌前微笑，回顾自己的一天。

文案：

（开头）

"早上好！新的一天开始了，你今天的目标是什么？"

（中段）

"你有没有发现，每天进步一点点，积少成多，终会带来意想不到的变化？很多时候，我们会被生活中的琐事打乱节奏，甚至质疑自己前进的方向。其实，成功不能一蹴而就，它是由每一个小小的坚持堆积起来的。"

（镜头切换，展示主角在办公桌前专注工作的场景。）

"哪怕只是一小步，都是在向梦想靠近。那些曾经让你感到困难的事情，回过头看，你会发现自己已经克服了它们。"

（镜头切换到主角在锻炼身体，表现出坚持不懈的精神。）

"你需要做的，就是每天比昨天的自己更好一点，哪怕只是一个微小的进步。"

（结尾）

"当你每天都为自己的目标努力时，终有一天，你会发现自己已经站在了成功的门口。所以，加油吧！你比你想象的更强大。"

结尾字幕：

"每天进步一点点，这就是成功的秘密。"

标签：#励志 #坚持不懈 #生活态度 #成功之路

背景音乐：轻松愉快的旋律，随着文案的起伏，音乐渐强，结尾时转为平缓、温馨的调子。

这个口播脚本文案通过日常生活中的小细节，传递出励志、积极的生活态度，鼓励观众坚持不懈地追求自己的目标。

赋予DeepSeek身份，让DeepSeek从专业角度进行知识分享。在输入框中输入"你是一名收纳师，现在需要你分享一些专业的收纳技能，以口播短视频脚本文案的方式来分享"，发送后，DeepSeek生成的干货分享类短视频文案如下。

以下是一份关于专业收纳技能的口播短视频脚本文案示例，适用于收纳类内容的短视频。

标题："如何让你的家瞬间变得整洁有序：收纳师的专业技巧"

画面描述如下。

开头：一个杂乱的房间，镜头缓慢推进，展示凌乱的场景。

中段：收纳师开始整理，镜头展示不同的收纳技巧和步骤。

结尾：房间变得整洁有序，主角露出满意的微笑。

文案：

（开头）

"家里总是乱糟糟的？别担心，今天我来教你几个简单的收纳技巧，让你的家瞬间变得整洁有序！"

（中段）

"首先，记住这个黄金法则：'分区收纳，分类整理'。把相似的物品放在一起，比如，把所有的文具、杂志都集中在一个区域，这样可以有效减少找东西的时间。"

（镜头切换，展示收纳盒和标签的使用。）

"第二个技巧，使用收纳盒和标签。给每个物品找到'家'，贴上标签，这样不仅能快速找到需要的东西，还能让空间看起来更整洁。"

（展示使用悬挂式收纳的技巧，节省地面空间。）

"接下来，利用垂直空间。墙面、门背后的空间千万不要浪费，悬挂式收纳能够节省大量地面空间，同时也让物品一目了然。"

（展示如何将衣物进行有效收纳，避免皱褶。）

"还有一个小技巧：衣物收纳。可以尝试竖立折叠法，这样不仅能看到每一件衣服，还能防止衣物皱褶，保持整洁。"

（结尾）

"只要掌握这些简单的技巧，保持家中的整洁其实并不难。每次整理完之后，你都会感觉生活更有条理，心情也更舒畅。试试看吧！"

结尾字幕：

"想要了解更多收纳技巧，别忘了关注我哦！"

标签：#收纳技巧 #整理有序 #家居生活 #收纳师推荐

背景音乐：轻快、清新的旋律，随着文案的节奏推进，结尾时转为温馨、舒缓的调子。

这份文案通过简洁明了的语言，传递出实用的收纳技巧，帮助观众轻松实现家居空间的整洁有序。

可以看出，DeepSeek按照要求生成了满足需求的干货分享类口播短视频文案，并且针对拍摄画面提供了参考意见，具有一定的实用性。

3.3.4　生成影视解说类短视频文案

影视解说类短视频文案是对简要介绍电影、电视剧剧情的短视频内容进行描述的文字。这类文案一般用幽默、简洁、具有概括性的语言对剧情进行高度凝练，并用极短的时间传达给观众。本小节介绍使用DeepSeek生成影视解说类短视频文案的操作方法。

为了确保DeepSeek了解影视解说类短视频文案，在输入框中输入"影视解说类短视频文案是什么"，发送后，DeepSeek生成的回复如下。

影视解说类短视频文案是针对影视作品（如电影、电视剧、动画等）进行解析和评论的文字脚本。文案通常包括对影视作品的剧情概述、人物分析、主题解读、关键情节的讲解以及创作者的个人见解或评论。这种类型的文案旨在为观众提供对作品的深入理解，或吸引他们观看该影视作品。

影视解说类短视频文案的主要特点如下。

简洁明了：在有限的时间内，通过简短而有力的语言快速概述影片的核心内容，吸引观众的兴趣。

剧情梗概：提供影片的基本情节介绍，但不要完全剧透，而是选择性地展现关键情节，勾起观众的好奇心。

人物分析：对主要角色进行分析，解释他们的动机、性格特点和发展变化，帮助观众更好地理解角色和剧情。

主题解读：探讨影片的核心主题和象征意义，分享个人对影片深层次内容的见解。

互动性强：引导观众在评论区讨论或分享他们对影片的看法，增强互动性。

情感共鸣：通过解说者的语气和情感表达，引导观众与影片产生共鸣，激发他们的情感反应。

示例如下。

影片：某部经典励志电影

文案：

（开头）

"这是一部让你燃起斗志的电影，一个关于永不放弃的故事。"

（中段）

"电影讲述了一个普通人在面对人生的各种挫折时，如何一步步克服困难，最终实现梦想的故事。主角从一开始的无助与迷茫，到最后的坚定与成功，他的成长之路充满了挑战与感动。"

"特别是在影片的高潮部分，主角在关键时刻做出的那个决定，让所有观众都为之震撼。这一刻，你会感受到他从未放弃的信念，是如何支撑他走到最后的。"

（结尾）

"如果你也曾在生活中感到迷茫，这部电影一定会给你带来勇气与希望。一起在评论区分享你最喜欢的励志电影吧！"

标签：#影视解说 #励志电影 #永不放弃 #经典影片

这种文案通过简短而有力的叙述，快速带领观众进入影片的核心内容，既提供了观影指南，又激发了观众的兴趣和情感共鸣。

　　让DeepSeek生成正式的影视解说类短视频文案，在输入框中输入"提供影视解说类短视频文案，主题为简要概括《音乐之声》的情节，要用吸引人、幽默的语言来概括，字数在400字以内"，发送后，DeepSeek生成的回复如下。

影视解说类短视频文案：《音乐之声》

"今天，我们要聊的是一部经典到不行的电影——《音乐之声》。这部电影不仅仅是童年的回忆，更是让人唱着歌就能忘记烦恼的魔法电影！"

镜头切换

"故事发生在奥地利的一个修女院里。我们的女主角玛丽亚，简直就是个'修女界的异类'，她不喜欢安静，爱唱歌，甚至连祈祷的时候都在哼曲子。修女长们终于受不了，把她'发配'到了冯·特拉普上校家，去当七个孩子的家庭教师。"

镜头切换，搞笑特写

"现在，冯·特拉普上校可不是一般的老爸，他是个军官，把孩子们训练得比士兵还严厉。没有笑声，没有音乐，家里简直像个训练营。但别担心，玛丽亚一到，情况马上就变了！她不光教孩子们唱歌，还带他们翻山越岭，欢声笑语满天飞！"

镜头切换

"孩子们从'小士兵'变成了'小歌手'，家庭气氛逐渐融化了上校的铁血心肠。你能猜到接下来发生了什么吗？对，玛丽亚和上校擦出了爱的火花，一家人幸福地在音乐中找到了新的生活方式。"

搞笑特写

"但是，别以为这就是个单纯的音乐喜剧，这背后还有一个更大的背景——纳粹即将入侵奥地利！在这个动荡的时刻，音乐成了他们逃避现实、寻找希望的方式。"

结尾总结

"《音乐之声》不光是关于音乐和爱的故事，它还教会我们在黑暗中寻找光明，在逆境中歌唱人生。这部电影可是经典中的经典，不看简直亏大了！"

标签：#影视解说 #音乐之声 #经典电影 #欢乐与感动

这段文案用幽默的语言将《音乐之声》的核心情节概括得生动有趣，同时引发观众对电影背后深层次主题的思考。

3.3.5　生成情感共鸣类短视频文案

　　情感共鸣类短视频文案指描述情感类短视频内容，且能够引起受众共鸣的文字。通常情况下，情感共鸣类短视频会以图文的形式呈现，因此其文案的重点在于标题文案，打造有吸引力、能够引起受众共鸣的标题文案是确定情感共鸣类短视频文案的关键。下面介绍使用DeepSeek生成情感共鸣类短视频文案的操作方法。

在DeepSeek的输入框中输入需求，如输入"情感共鸣类短视频文案指描述情感类视频内容，且能够引起受众共鸣的文字。提供5个情感共鸣类短视频文案示例"，发送后，DeepSeek生成的回复如下。

以下是五个情感共鸣类短视频文案示例，重点突出温馨、治愈感，能够引发观众的情感共鸣。

1.关于亲情：

"有些爱，不需要说出口。小时候，你总是问：'妈妈，为什么……？'长大后才明白，她的每一个叮嘱，都是为你铺好的路。"

标签：#母爱 #默默守护 #成长感悟

2.关于友情：

"最好的朋友，不需要时时刻刻在身边。但你知道，无论什么时候，只要回头，他总在那里。"

标签：#友情岁月 #永不褪色 #默契

3.关于爱情：

"爱，不是轰轰烈烈的誓言，而是平淡日子里的陪伴。那些牵着手走过的岁月，才是爱情最动人的诗篇。"

标签：#平凡爱情 #细水长流 #陪伴最暖

4.关于成长：

"小时候以为成长是一瞬间的事，长大后才发现，它藏在每一个不被人注意的小细节里。"

标签：#成长历程 #细碎时光 #慢慢成熟

5.关于人生：

"生活有时候会很难，但总会有那么一刻，温暖的阳光透过云层照进来。那一刻，你知道，一切都会好起来的。"

标签：#生活感悟 #温暖时刻 #希望

这些文案短小精悍，通过生活中的点滴来引发受众的情感共鸣，适用于温情类短视频的内容创作。

矫正DeepSeek的语言风格，如输入"用更温馨、给人治愈感的语气，字数控制在20字以内，再添加tag（标签）"，让DeepSeek生成更有参考价值的文案。发送后，DeepSeek生成的回复如下。

以下是五个温馨、给人治愈感的短视频文案，每个文案都控制在20字以内，并附上相应的标签：

1.“爱是每一次温暖的拥抱，陪伴是最长情的告白。”

标签：#亲情 #温暖

2.“最美的风景，往往在身边，与你共度的每一天。”

标签：#友情 #美好时光

3.“真爱如茶，细水长流，温暖你的每一个瞬间。”

标签：#爱情 #细水长流

4.“在每一次成长中，都有温暖的记忆相伴。”

标签：#成长 #记忆

5.“生活的美好，藏在每一个微笑和温暖中。”

标签：#生活 #温暖时刻

这些文案短小精悍，传递出温馨与治愈的感觉，适合用在短视频中。

让DeepSeek生成正式的情感共鸣类短视频文案，如输入“用上述文案风格，提供主题为高考加油的励志类文案，要积极向上、振奋人心”，发送后，DeepSeek生成的回复如下。

以下是五个关于高考加油的积极向上、振奋人心的短视频文案，每个文案都控制在20字以内，并附上相应的标签：

“坚持就是胜利，梦想在前方，未来由你掌握！”

标签：#高考加油 #梦想

“书山有路勤为径，学海无涯苦作舟，勇敢前行！”

标签：#学习 #奋斗

“相信自己，你的努力终将开花结果！”

标签：#自信 #努力

“每一份付出都是铺路石，成功就在眼前！”

标签：#奋斗 #高考

“把每一天都当成最后一搏，决胜高考！”

标签：#高考冲刺 #加油

这些文案以积极向上的语气激励考生，传递出奋发向上的正能量，适合用在高考相关的短视频中。

第4章

Chapter 4

素材拍摄：
手机也能拍出大片效果

随着智能手机不断升级，手机拍摄功能也在不断地强化完善。如今，手机逐渐替代传统相机，成为很多人记录生活瞬间、进行影片拍摄的优先选择。

本章将对手机自带的拍摄功能进行介绍，并对各项参数设置及部分特色功能进行说明。

4.1 了解短视频的拍摄器材

随着手机拍摄功能的显著增强，许多过去只能通过专业相机完成的拍摄工作，如今只需一部手机就能完成。传统的相机体积较大，外出携带不便，加之高昂的购置费用，让很多摄影爱好者望而却步；而轻便小巧、功能强大的智能手机，能让大众以一种平和、细腻且质朴的心态去观察和记录生活。

4.1.1 如何选择拍摄手机

目前市面上的手机品牌众多，功能也各有不同，如何从中挑选一部价格合适、适合拍摄短视频的手机呢？这就需要结合用户预算以及拍摄需求进行综合考虑，一般在选择拍摄手机时，主要考虑以下5个方面。

1. 摄像头性能

手机的摄像头性能直接影响拍摄的素材质量，在选择手机时应注意，高像素不一定代表更好的画质，但通常会影响细节捕捉。选择具备大尺寸传感器和高像素的手机，如图 4-1所示，可以在低光环境下拍摄到更清晰的画面，减少噪点。

摄像头的光圈越大（数值越小），意味着在弱光条件下拍摄的效果会越好。自动对焦和跟拍功能也很关键，能够帮助快速捕捉运动中的物体，避免画面模糊。

图 4-1

2. 视频录制功能

现在大部分旗舰手机都支持4K甚至8K分辨率的视频录制，高帧率（如60帧/秒或120帧/秒）能够让视频更流畅，适合拍摄慢动作视频。光学防抖（OIS）和电子防抖（EIS）在手持拍摄时也是非常重要的，这些功能能减少画面的抖动，特别是在拍摄运动场景时可以保持画面稳定。

3. 软件与编辑支持

手机自带的专业模式或电影模式可以让用户对曝光、快门、感光度等参数进行手动调节，该功能适合有一定拍摄经验的用户，适当的参数调整可以拍摄出不同质感的素材。选择手机时应检查手机是否支持HDR（High Dynamic Range，高动态范围）、杜比视界等技术，有这些技术的加持，拍摄素材时的表现会更好。如果手机支持HDR等技术，商品宣传页中会说明，如图4-2所示。

4.电池续航与存储空间

短视频拍摄往往需要长时间拍摄，因此，电池续航能力至关重要。选择一款电池容量大且支持快充的手机，可以降低因电量过低而导致拍摄中断的风险，如图 4-3所示。4K视频和高帧率视频文件通常很大，所以选择内置存储空间合适的手机也是非常重要的。

5.设计与手感

手机的设计和手感对拍摄体验有很大影响。选择一款轻便、手感好的手机，有助于长时间手持拍摄。还可以考虑有防水功能的手机，在户外拍摄时更加放心。

4.1.2　拍摄辅助设备

使用手机进行拍摄最主要的原因是足够便利。因为基本上人人都有手机，去哪儿都要带着手机，所以看到好看的场景，拿出手机就拍，拍完就分享，便捷、高效而且出片率高。但是，如果想要拥有更好的拍摄效果和创造更多的拍摄可能，我们依然需要一些拍摄辅助设备。

1.三脚架

比如拍摄一个简单的场景——在天桥上拍摄5分钟街道，如果没有辅助设备，用手举着手机拍5分钟，可能少有人能够坚持住，拍摄出来的素材也难免晃动。使用三脚架可以将手机固定住，以增加画面的稳定性，三脚架如图 4-4所示。

三脚架能够提高拍摄的稳定性。在拍摄一些特殊场景时，如长时间的延时摄影、近距离的慢动作视频等，没有三脚架的辅助难以进行。

除此之外，三脚架也能够提高构图的精准性。在拍摄复杂

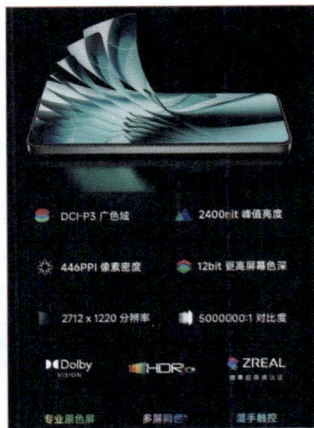

图 4-2

图 4-3

图 4-4

场景或想通过某种构图来突出画面焦点的时候，我们需要使用一些基本的构图技巧。因为手持手机拍摄会晃动，而且画面里的场景也会移动，所以经常会造成拍摄构图不精准，影响成像质量。使用三脚架固定手机，可以解放双手，也更容易进行构图等操作。

使用三脚架还可以严格控制景深，景深是指画面中清晰的范围，如图 4-5所示。深色表示画面中的清晰部分，浅色表示画面中的模糊部分。景深分为大景深（清晰范围较大）和小景深（清晰范围较小）。

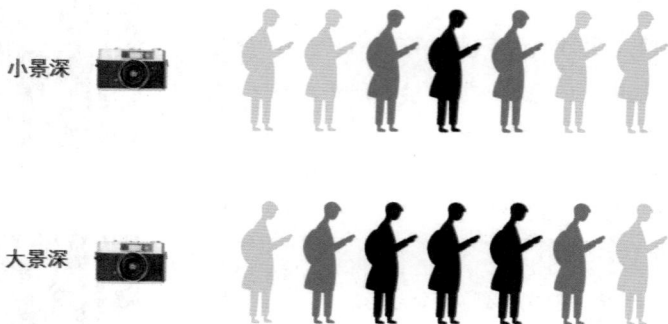

图 4-5

使用手机近距离拍摄场景时，是能够拍摄出小景深的。但是如果手持手机进行拍摄，很可能无法对焦，或者因为抖动很难把近距离细节拍摄清楚。这个时候就需要使用三脚架固定手机，以减少手机的晃动，控制好画面的景深。

2. 稳定器

一部小小的手机虽然能够满足人们大部分的拍摄需求，但随着短视频的兴起，拍摄需求在逐渐增加，很多人希望用手机也能拍摄出有电影质感的视频，这就带动了手机拍摄辅助工具的发展。稳定器正是这些年随着短视频发展起来的辅助工具，如图4-6所示，各种品牌也如雨后春笋般涌现。使用稳定器，能让拍摄的思路更开阔，也能让拍摄的灵活性更强。

稳定器轻便、便于携带，操作门槛也不高，现在已成为短视频爱好者的常用工具之一。使用稳定器为什么能够拍摄出稳定的视频画面呢？原理在于稳定器具有3个轴，当进行拍摄的时候，若手机重心发生偏移，稳定器会根据算法并按照一定的控制量调整角度，从而保证拍摄设备始终保持稳定的状态。所以无论边走边拍或边跑边拍，稳定器都能最大限度地保证手机画面的稳定性。

图 4-6

3. 外接镜头

随着手机拍摄功能的丰富，手机镜头也越来越多，从单摄像头、双摄像头到现在的多摄像头，手机厂商在手机镜头上下足了功夫，有些厂商还会单独配置一个用于拍摄视频的镜头。

手机的外接镜头有很多种，常用的有广角镜头、微距镜头、长焦镜头，还有特殊视角的鱼眼镜头。外接镜头很小巧，直接夹在手机镜头上即可使用，如图 4-7所示，不受手机性能的影响。单摄像头和多摄像头手机都可以使用外接镜头，因为多摄像头手机在拍摄时一般也仅调取其中一个摄像头进行工作，只要把外接镜头放在对应的摄像头上就可以正常使用。

图 4-7

4.1.3 灯光设备

当光线不足或是需要运用光线造型和调整构图来营造氛围时，就需要一些灯光设备辅助拍摄。

1. 补光灯

在光线昏暗的情况下，补光灯能为拍摄提供辅助光线，不仅能够使画面变得清晰，在合理的布光设计下，还能取得独特的画面效果。补光灯有好几种形式，有可以夹在手机上的便携式补光灯，如图 4-8所示；也有放置在支架上的环形补光灯，如图 4-9所示，其优点在于能够比较方便地调节补光角度。

图 4-8

图 4-9

此外，还有能够调节色温的补光灯，例如RGB全彩棒灯，如图 4-10所示。RGB全彩棒灯可以调节自身灯光颜色，从而营造不同的氛围。常用的补光灯都是LED（Light Emitting Diode，发光二极管）灯，不仅灯光稳定、使用寿命长，而且节能环保，极具性价比。

图 4-10

2. 反光板

反光板也是一种比较常见的补光工具，如图 4-11所示。其工作原理是运用反射光进行补光，因此光质较为柔和，在提升画面亮度的同时，不至于产生深重的阴影，也不会产生尖锐感。由于其轻巧便携，因此比较适合用于室外拍摄补光。

反光板分为硬反光板和软反光板。

硬反光板是一种高度抛光的银色或金色反射光源的平面，在室外进行拍摄时，其反光效果非常出色。但硬反光板的造价较高，因此在进行日常拍摄时，最常使用的还是软反光板。

软反光板的表面不如硬反光板平整，有些还有不规则的纹理，光线照在软反光板上发生漫反射，光源被柔化扩散到更大的区域，这种光非常适合用于拍摄人像时的补光。此外，软反光板还有很多颜色，不同颜色的软反光板的效果和适用场景也各不相同，需要酌情选用。

拍摄时要设计好反光板的摆放位置，使其能够起到较好的补光效果，又不至于被镜头摄入而出现"穿帮镜头"。在进行一些特殊运镜（例如升降镜头）的拍摄时，尤其要注意这一点。

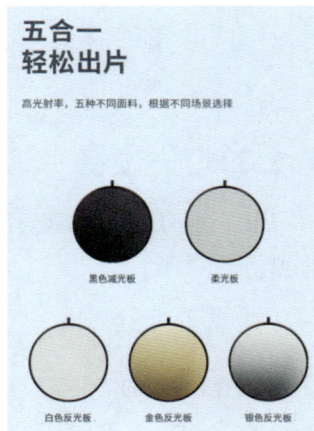

图 4-11

4.1.4 录音设备

除了画面外，声音也是视频表现的重要组成部分。视频中的音频主要分为两种，一种是后期配音，一种是同期声。如果将视频录制和音频剪辑分开进行，再进行整合，那么这个视频所采用的就是后期配音；而同期声是指在进行视频画面录制的同时进行录音，记录的是拍摄现场中人物在各种环境中发出的真实声音，比后期配音更加自然、真实，更能直接呈现人物当时的情感，且同期声直接与画面相匹配，能够节省后期制作的时间。但现场收音往往对环境和录音设备的要求较高，在拍摄时对演员的要求也更高，因此在制作时需要进行一些取舍。

　　由于手机自带麦克风的收音范围和收音效果都比较有限，在一些场景中容易受到环境音干扰，录制效果相对较差。如果很难找到安静的录音场所，或者对音质的要求比较高，这时就要使用其他的录音设备辅助录音。

1. 线控耳机

　　带有麦克风的线控耳机是成本最低也最方便的录音设备，如图 4-12 所示。但其主要功能还是用来收听音频，若用来录音则会因为有限的收音范围，得到质量较差的声音。如果需要长期进行录制，建议使用更加专业的录音设备。

图 4-12

2. 外接指向性麦克风

　　外接指向性麦克风是一种比较常用的收音设备，这类麦克风具有指向性，指向性决定了麦克风对不同方向信号接收能力的强弱。使用外接指向性麦克风可以保护录制声音少受其他音源影响，调节声音的"干湿"程度，还可以调节频率响应以处理近讲效应。

　　外接指向性麦克风一般分为全指向、心形指向、超心形指向和双指向（又称8字指向），如图 4-13 所示。

　　想象一下麦克风周围有一个360°的区域。0°是麦克风的正前方，这里是麦克风拾音最灵敏的地方。这块360°的区域由一个个圆环组成，每个相邻圈层之间都有5dB的灵敏度差。分贝是对比两个值的对数单位。如果一个心形指向的麦克风规格参数里写到它的后方抑制为25dB，这其实是在对比它最灵敏的方向（0°）和最不灵敏的方向（180°）的拾音效果。就声压来看，电流和电压升高6dB就等于声音信号变为原来的2倍，升高20dB就等于原来的10倍。心形指向的典型后方抑制为−20dB，也就是说这种麦克风前方的音源灵敏度是后方的10倍。如果想要拾取麦克风前方的声音，心形指向就是最合适的。

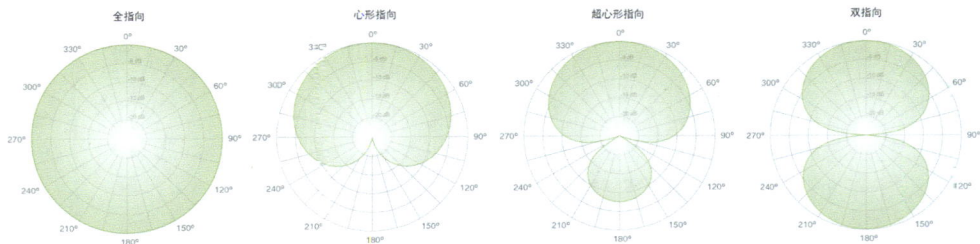

图 4-13

进行手机拍摄时，一般选用单指向（包括心形指向和超心形指向）的麦克风，这种麦克风对于前方的声音具有较佳的收音效果，而其他方向的声音则被弱化了。因此，单指向的麦克风的收音比较集中，能够较好地突出人声，降低环境噪声的干扰，在比较嘈杂的环境中或是比较恶劣的天气下进行视频录制，往往能收录质量较好的声音。常见的单指向麦克风如图 4-14 所示。

图 4-14

心形指向和超心形指向的麦克风的不同之处主要在于收音范围。心形指向的麦克风适用于录制歌唱类视频；超心形指向的麦克风则进一步弱化了周边环境的声音，适用于访谈场合。

在选购麦克风时需要阅读商品详情页的产品参数说明，根据需求选择合适的麦克风。不过现在许多麦克风的指向和收音范围是可以调节的，更加方便。如果用户不知道选择什么样的麦克风，那么可选择全指向的麦克风，如图 4-15 所示。

图 4-15

此外，大多数外接指向性麦克风使用的依然是 3.5mm 孔径的接头，与现在主流 Type-C 接口和 Lightning 接口不匹配。可以选择搭配购买一个接口转换器，这样就算更换了不同型号的手机，也能继续使用。

3. 无线领夹麦克风

相比外接指向性麦克风，无线领夹麦克风的优点在于能够解放双手，无须用手拿着麦克风进行录音，能使说话者的状态显得更加自然，如图 4-16 所示。此外，由于这种麦克风非常小巧，夹在衣领上也不易被发现，因此能够在获得优质音质的同时减少观众的出戏感。又因其轻盈小巧、便于携带，十分适合外出使用，在拍摄旅行 Vlog 时这种麦克风是不错的选择。

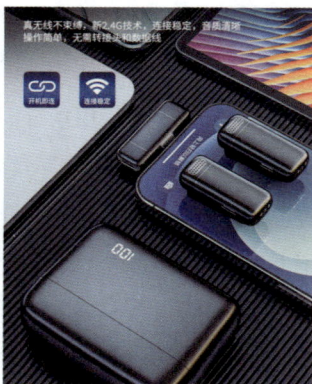

图 4-16

▶ 提示

在视频制作后期，可以通过软件对录制的音频文件进行降噪处理。但后期处理能够消除的噪声比较有限，因此最好在拍摄时就做好收音工作。而想要在前期拍摄收音时降低噪声干扰，可以从两方面入手：一是从收音场地入手，选择安静、隔音效果较好的录音场地，如果是在室内录音，可以在墙上或地面上贴上隔音棉，如图 4-17 所示。隔音棉可以隔音、吸音，有效过滤环境噪声。

图 4-17

图 4-18　　　　　　　　　　图 4-19

4.2　手机拍摄设置

在拍摄视频的远程中，为设备设置合适的拍摄参数不仅能够有效提升视频成片效率以及成像质量，还能减少后期处理的工作量。本节将介绍使用手机拍摄视频时需要注意的关键参数及其设置方法。

4.2.1　如何设置视频分辨率

把一个视频画面放大一定倍数，能够看到画面是由很多个小方块组成，这些小方块就是像素，也是构成视频或图片的基本单位。图 4-20和图 4-21所示为某1080p视频截图画面以及该画面放大5倍后的局部画面，可以明显从局部画面中看到小方块形态的像素。

图 4-20

图 4-21

视频分辨率是指视频图像在一个单位尺寸内的精密度，也就是指一个视频图像在单位尺寸内有多少像素。视频分辨率越高，像素越多，呈现的画面越清晰，细节越丰富、细腻；视频分辨率越低，像素越少，画面越模糊。

常见的视频分辨率有720p、1080p、4K等，720p是高清的最低标准，因此也被称为标准高清。720p是指1280×720像素的视频（p指逐行扫描）分辨率，表示这个视频水平方向为1280像素宽，垂直方向为720像素高。

在拍摄前，为了保证画面清晰度，要提前对视频分辨率进行设置。下面以荣耀手机为例演示如何设置视频分辨率，其他手机也可以参考此内容进行设置。

01 打开相机，点击右上角的"设置"按钮，如图 4-22所示，进入设置界面。

02 在设置界面中点击"视频分辨率"，如图 4-23所示。

03 在"视频分辨率"选项列表中选择最高的分辨率1080p，如图 4-24所示。

图 4-22　　　　　　　　　　图 4-23　　　　　　　　　　图 4-24

4.2.2　如何正确对焦

对焦也叫对光、聚焦。通过相机对焦功能改变动物距和相距，使被拍物成像清晰的过程就是对焦。对焦可以使拍摄主体更加清晰，镜头的焦点聚焦在哪个部分时，哪个部分就是清晰的。

在拍摄时，如果发现画面中的主体模糊不清，而背景却很清晰，很可能是因为对焦不准确，如图 4-25所示。另外，如果镜头距离主体太近，超出了设备能够自动对焦的范围，也会

导致画面的对焦不准确。因
此，准确选择焦点是确保三
体清晰的基础。

图 4-25

一般情况下，打开手机镜头就能自动对焦，但是手机镜头不像相机那么专业，在某些情况
下对焦并不是特别方便，所以需要拍摄者手动选择对焦位置。在拍摄界面中，只需轻触屏幕就
会出现对焦框，拍摄时只需将对焦框对准拍摄主体就能实现对焦，如图 4-26所示。

锁定焦点就是在拍摄视频的过程中，把焦点固定在取景范围中的某一位置上，保证画面主
体的对焦稳定，确保视频画面清晰。锁定焦点的具体操作方法是，在准备拍视频之前，长按需
要准确对焦的位置，手机会自动锁定该焦点，如图 4-27所示，轻点画面其他位置即可解除锁
定。如果需要固定镜头的画面，可以采用此方法锁定焦点进行拍摄。

图 4-26

图 4-27

4.2.3 如何合理设置曝光

曝光，简单来说就是指画面的亮度。在进行拍摄的过程中，有时会出现部分画面很亮、部分画面很暗、部分画面亮度适中的情况，这3种情况分别被称为曝光过度、欠曝光和合适曝光，如图4-28至图4-30所示。在进行拍摄时，拍摄者需要根据拍摄主体所处的场景以及拍摄需求适当调整曝光，以获得最佳画面。

| 图 4-28 | 图 4-29 | 图 4-30 |

在使用手机进行拍摄时，拍摄者通常不需要设置曝光模式，因为大多数手机会根据环境变化自动调整曝光。但为了避免在一段视频中出现画面忽亮忽暗的情况，在拍摄时最好锁定曝光。

锁定曝光的方法与锁定焦点的方法相似，轻触屏幕就会出现曝光调节点，如图4-31所示。向上拖动会增加曝光，向下拖动会降低曝光。

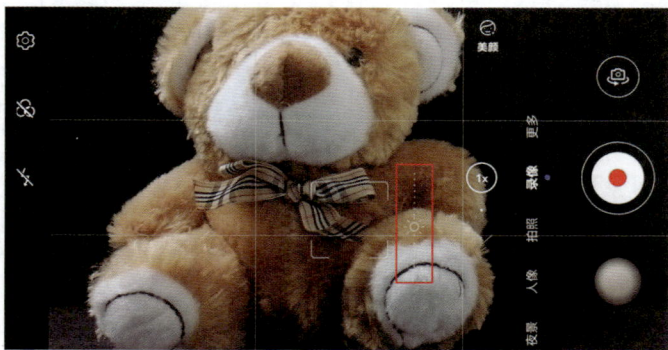

图 4-31

4.2.4 如何进行慢动作拍摄

慢动作拍摄又叫升格拍摄，就是将画面的播放速度放慢，其视频帧率一般在120帧/秒（单位"帧/秒"在手机上常显示为"fps"）以上。如果选择用120帧/秒的帧率拍摄慢动作视频，视频的播放时长是实际拍摄时长的4倍。

例如以30帧/秒拍摄2秒水滴掉落的视频，换成120帧/秒的帧率拍摄，将会得到时长为8秒的视频，如图4-32所示。

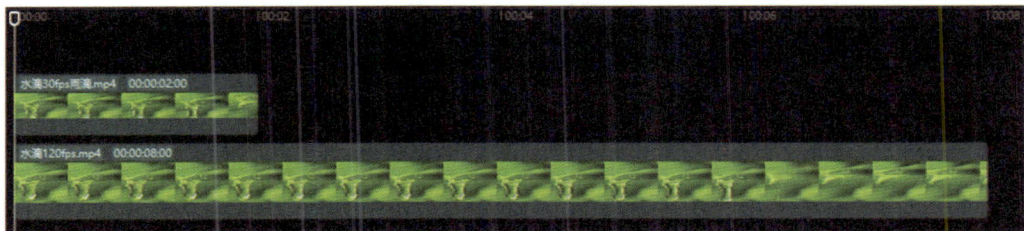

图 4-32

正因为慢动作视频拥有更高的视频帧率，记录的画面更为流畅，因此可以用镜头捕捉快速发生的瞬间，详细展示精彩画面。利用慢动作拍摄，拍摄者可以拍摄水花四溅、动物奔跑（如图 4-33 所示）、鸡蛋打碎等瞬间画面，为视频增加更多精彩片段。

一般 4 倍、8 倍的慢动作适合拍摄人物运动、风吹树叶等较慢运动场景；而 32 倍和 64 倍等更高倍数的慢动作更适合拍摄落叶（如图 4-34 所示）、流水等快速运动的事物。

此外，慢动作模式能够大大消除拍摄运镜过程中的画面抖动，拍摄出更平稳、顺滑的视频画面。

图 4-33

图 4-34

▶ 提示

慢动作视频的画面较暗，对光线有较高的要求，帧率越高，对光线强度的要求越高，只有光线充足才能拍摄出曝光合适、播放流畅的画面。此外，拍摄慢动作需要手机稳定才能保证画面的连续性，拍摄者可以借助稳定器进行拍摄。

　　慢动作拍摄的操作较为简单，下面以物体落水瞬间的慢动作视频为例来讲解拍摄步骤。

　　将装了2/3水的透明水缸放在背景墙或者背景布（背景颜色可自定义）前，并在水缸下放置一个白色板，在水缸的正上方固定一个光源（条件允许的情况下，可以布置更多光源），如图 4-35所示。

　　在面对背景的水缸正前方放置用三脚架固定好的手机。

　　打开手机相机，选择慢动作模式，将焦点框对准水面，曝光调整至最低，倍速调整至16倍及以上（若是手机相机支持的倍数不足16倍，则选择最高倍数），如图 4-36所示。

图 4-35

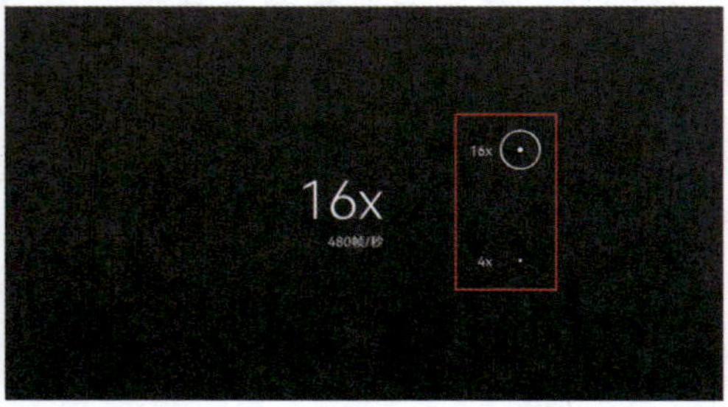

图 4-36

　　有的手机相机不会显示倍数，而是提供视频帧率的选项，此时将帧率调至120帧/秒及以上（或是手机相机慢动作模式的最高帧率）即可，如图 4-37和图 4-38所示。

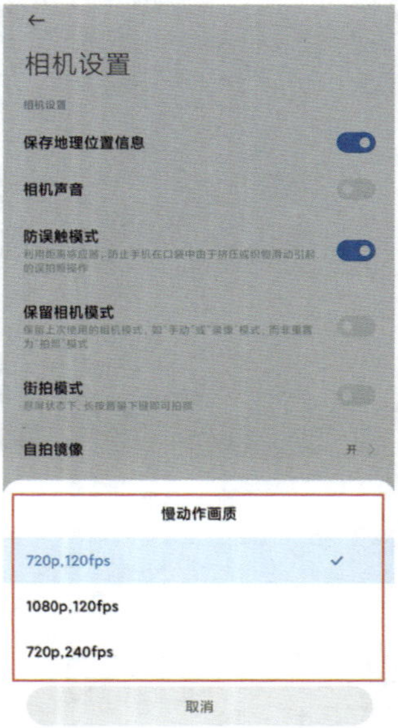

图 4-37

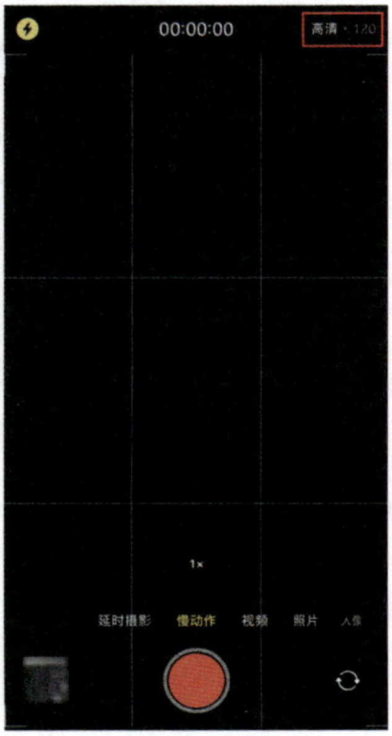

图 4-38

将物体放到离水面有一定高度的位置，点击相机快门，拍摄物体垂直落入水缸中的画面即可。

物体落水瞬间的慢动作画面效果如图 4-39和图 4-40所示，这2张图片均为在黄色背景前拍摄的柠檬片落水慢动作视频画面截图。

图 4-39　　　　　　　　　　　　　　　　　　　图 4-40

4.2.5　如何拍摄延时画面

在手机相机模式中，选择"延时摄影"选项即可进入延时摄影拍摄模式，所拍摄的视频就会呈现延时画面。一般延时摄影用于拍摄画面富有光线变化或者物体位置变化的场景。

延时摄影利用间隔拍摄的形式，把长时间的画面浓缩为短视频的视频画面，呈现出画面快速变化的视频效果，能够通过短短几秒钟的画面展现数十分钟甚至数小时的时间变化。延时摄影与慢动作正好相反，例如，若其拍摄速度是正常拍摄视频速度的1/15，拍摄1分钟的延时视频，最终得到的视频时长为4秒。

延时摄影通常用来拍摄人来人往（如图 4-41所示）、日出日落、光影变化、云雾变化、植物生长等画面。

图 4-41

常见的延时摄影场景推荐拍摄速度如表 4-1所示。

表 4-1

适用场景	街景	云朵	日出日落	夜晚	植物生长
拍摄速度	4×～30×	60×～90×	120×～150×	300×～600×	900×～1800×

▶ 提示

此处的拍摄速度是指多少秒延时拍摄可得到播放1秒的视频，例如"30×"是指每延时拍摄30秒能够得到播放1秒的视频。在同样的拍摄时间下，选择的拍摄速度数值越大，最终获得的视频播放时长越短，播放速度越快。

对不同时长的变化场景进行延时拍摄时，需要使用不同的间隔拍摄时间才能拍摄出合适的延时画面。通常所摄场景的时间跨度越长，相机设置的间隔拍摄时间也应相应延长。拍摄人来车往、城市风光等场景时，间隔拍摄时间设置为5~8秒比较合适；拍摄日出日落，由白天转入黑夜等场景时，间隔拍摄时间设置为15~20秒比较合适；而像拍摄花朵开放、植物生长等场景时，间隔时间设置为15~20分钟较为合适。

延时摄影的拍摄时间较长，拍摄者需要耐心等待，还要保持拍摄器材的稳定。在进行延时摄影时，最好使用三脚架保持手机的稳定，以确保画面不会抖动。

对变化较为细微的场景进行延时摄影时，所摄画面与常规模式下所拍摄的画面没有较大差异，故不建议对此类场景进行延时摄影。如果想要拍摄变化较微弱场景的延时画面，不宜进行固定机位的拍摄，而应使用变化镜头，移动手机进行延时摄影，如图 4-42和图 4-43所示。

图 4-42

图 4-43

在进行移动延时摄影时，同样建议使用稳定器，以减弱画面移动过程中的抖动，控制拍摄角度的均匀变化，提升延时摄影成像质量。

目前手机相机通常有广角镜头、超广角镜头和长焦镜头3种摄像头，可以满足多样化的拍摄需求。其中广角镜头是拍摄范围较广的镜头，超广角镜头的拍摄范围比广角镜头更广，长焦镜头是适用于拍摄远处的镜头。

延时摄影的方法较为简单，下面以OPPO手机为例，介绍使用手机相机进行延时摄影的通用步骤。

寻找心仪的手机机位，如果是拍摄室外街景，将设备放置在高层建筑或者地势较高处获得的拍摄效果更佳。

打开手机的飞行模式，并关闭手机的铃声与震动，防止手机因突然来电终止视频录制或是因消息提醒而产生震动。

打开手机相机，进入"延时摄影"模式，如图 4-44所示。

点击屏幕上方的按钮，选择合适的拍摄速度，如图 4-45所示。

图 4-44

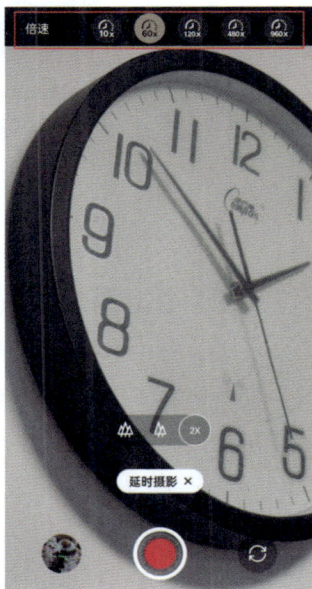
图 4-45

▶提示

有些型号的手机相机并不支持设置延时摄影模式的拍摄速度与时长，此时可以更换设备或使用专业的拍摄App进行延时摄影。

点击"设置"按钮，在设置界面打开相机的参考线和水平仪，如图 4-46所示。然后使用三脚架或稳定器固定手机的拍摄位置，保证手机在拍摄过程中不会移动。锁定焦点和曝光，防止视频画面忽亮忽暗或因手机监测环境光线不稳定而造成视频闪屏。

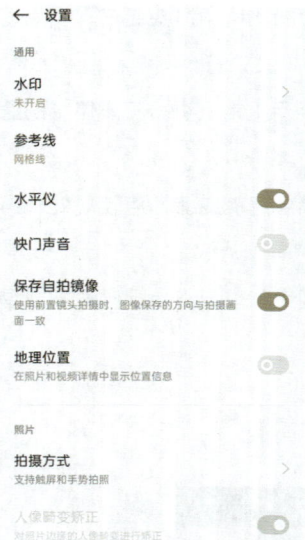

图 4-46

图 4-47

点击"录制"按钮，即可开始延时摄影，如图4-47所示。

▶ 提示

AMOLED屏幕的手机容易因为长时间显示手机相机画面而使手机的黑边屏幕"烧掉"，在屏幕上留下残影。因此，在进行延时摄影时，建议使用此类手机的拍摄者把手机亮度调低，并隔一段时间下拉手机的菜单栏，刷新手机屏幕，防止"烧屏"。

4.3 视频取景和构图技巧

对短视频来说，即使是相同的场景，创作者也可以采用不同的构图形式，形成不同的画面效果。在拍摄短视频作品时，可以通过适当的构图技巧展现画面独特的魅力。

4.3.1 视频的五大景别

景别指的是呈现在取景框中画面的范围大小。景别取决于摄影镜头与被摄物体之间的距离，以及所选用的镜头焦距长短两个因素。一般而言，景别可分为远景、全景、中景、近景和特写5种，如图 4-48所示。

图 4-48

景别是拍摄者进行创作构思时需要考虑的内容之一。不同景别所呈现的画面，不仅内容侧重点有所不同，情绪表达上也有所差别。景别越大，对整体环境的呈现就越为全面；景别越小，对细节的刻画就越精确。在进行场面调度时，往往需要根据不同的需求选择不同的景别。而合理的景别运用，会在很大程度上加强素材的表达效果。

1. 远景

远景主要用来表现空间感，所选取的画面范围较大，通常用来展现环境的全貌，如图 4-49 所示。如果远景中有人物出现，一般人物所占画面比例较小。在需要说明角色所处情景、故事发生的场景时，一般会使用远景。

由于深、远、巨、大的场景会在视觉上给人冲击，除了进行环境说明外，远景有时还会用于渲染情绪、营造氛围。图 4-50 所示就是远景画面，奔跑的马群和飞扬的雪尘表现出了恢宏的气势。

图 4-49

图 4-50

2. 全景

一般来说，人物是全景中的主体，整个人物都出现在全景画面中，环境起到衬托的作用。与远景相比，全景画面能够较为直观地呈现人与环境之间的关系，如图 4-51 所示。正因如此，全景也被称为交代镜头。全景不仅包含故事场所，人物的体态、样貌、衣着打扮、行为动作等也会得到全方位展现，这能使观众对人物以及画面中正在发生的事情有整体认识。

图 4-51

▶ **提示**

在拍摄人物全景画面时，注意要给人物的头顶预留一定的空间，否则整个画面会看起来比较局促，如图 4-52所示。

图 4-52

3. 中景

中景一般包含人物从头顶以下、到膝盖左右的画面范围，如图 4-53所示。这种景别的交互性较强，是用画面进行叙事时常用的景别之一。

在人物进行对话、出现交互动作或是需要情感交流等场合，选用中景能够更好地展示人物动作、表情，方便观众快速跟上叙事节奏，了解故事情节，领会人物之间的关系，如图 4-54 所示。

图 4-53

图 4-54

4. 近景

近景一般包含人物从头到胸部以上的画面，如图 4-55所示。

与中景一样，近景也常常出现在交互性强的叙事镜头里。但近景的画面表现更为集中，镜头中的人物与观众的距离更近，面部表情更加清晰，更容易使观众受到人物的情绪感染，画面的交流感更强。因此，近景常用于拍摄人物访谈、人物独白以及与观众互动性强的视频，如图 4-56所示。

图 4-55

图 4-56

5. 特写

特写集中表现画面的细节，主要起到强调作用。人物特写一般包括从人物肩部或颈部到头顶的画面范围，在拍摄其他对象的特写时则着重表现需要强调的局部画面。人物特写镜头能够充分显示人物的细节，细致展现人物的内心情感，如图 4-57所示。

在特写镜头中，被拍摄的主体占据了整个画面，呈现内容较为单一。此时观众不得不集中注意力观察这一画面，思考其在此出现的意图，如图 4-58所示，因此特写镜头通常用来强调人物动作或者暗示信息。

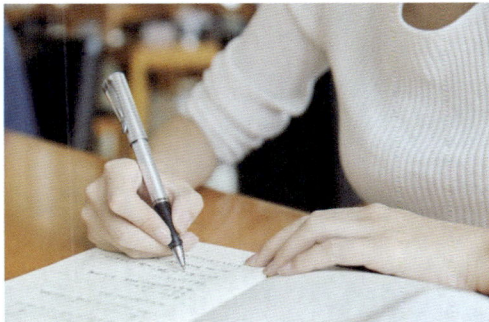

图 4-57

图 4-58

▶ 提示

不同景别组合在一起，能够在叙事上赋予视频画面不同的含义，从而使观众产生不同的感受。

4.3.2 如何选择拍摄角度

作为画面的造型语言之一，拍摄角度能够表现人物位置关系，有助于画面信息的传达。拍摄镜头和被拍摄对象的关系确立后，空间中就出现了两种拍摄角度：从水平方向上看，有正面角度、侧面角度和背面角度等，如图 4-59所示；从垂直方向上看，有平视角度、仰视角度、俯视角度、顶视角度等，如图 4-60所示。

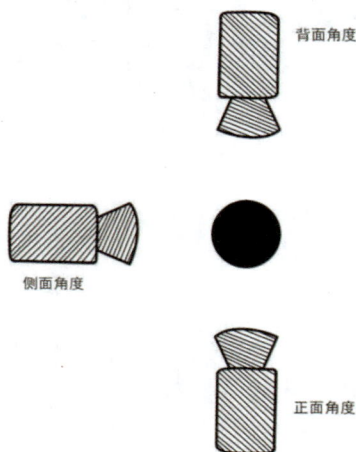

图 4-59   图 4-60

1. 正面角度

采用正面角度进行拍摄的通常是一些介绍性镜头，画面风格较为平实，能够真实地展现人物的面貌，如图 4-61所示。这一角度适用于采访、报道等场合的拍摄，也适合从远处拍摄建筑全貌，如图 4-62所示。

图 4-61

图 4-62

此外，当镜头正对人物时，观众视线与画面人物的视线相交，画面中的人物好像正在与观众对话，这样能够增强画面的亲切感与观众的参与感，因此大多数Vlog及理论类课程视频会采用正面角度进行录制。

2. 侧面角度

当拍摄镜头处于被拍摄对象的侧面时，拉远了观众与人物的心理距离，被拍摄对象与镜头的互动性减弱。侧面角度常用于拍摄人物进行对话、谈判、争吵的场合，表现人物间的关系，能够增强画面的叙事效果，如图 4-63 所示。

在拍摄运动画面时，侧面角度能够较好地向观众展示人物动作，也能够清楚表现人物运动的方向，如图 4-64 所示。

图 4-63

图 4-64

3. 背面角度

从背面角度进行拍摄时，镜头无法捕捉人物的神情，此时只能展现人物的肢体语言，人物和观众的心理距离就更远。这一角度通常用来表现人物正在思索、观察。当配合特定的场景时，也常常有助于营造神秘、孤独等氛围，如图 4-65 所示。

图 4-65

4. 平视角度

当拍摄镜头与被拍摄对象的眼睛处于同一水平线时，就是以平视角度进行拍摄。此时拍摄镜头所处的位置与人们的日常视角相同，如图 4-66 所示。在这种角度下拍摄出来的画面平稳且透视正常，相对来说较为客观，没有额外的情感色彩。

5. 仰视角度

把拍摄镜头放置在低于被拍摄对象的位置向上拍，就能获得仰视角度的画面。用仰视角度拍摄人物，会使人物从视觉上变得高大，就好像处于蚂蚁视角观察人类，如图 4-67 所示。这一角度通常用来展现英雄人物的伟岸等，也能表现建筑的恢宏大气。

图 4-66　　　　　　　　　　　　　图 4-67

用仰视角度拍摄人物时，会给观众带来压迫感，但同时能够凸显主人公的勇气。而从仰视角度拍摄一些特色建筑，有可能会给观众带来尖锐、眩晕的感觉。图 4-68 所示为一座哥特式建筑，仰拍角度使其更富有向上的张力。此外，用仰视角度拍摄人物之间发生争论的场景，还会加强画面的紧张感，营造剑拔弩张的氛围。

图 4-68

6. 俯视角度

从俯视角度进行拍摄时，拍摄镜头位于被拍摄物体的上方。俯视角度一般用来展示环境，可以表现出向远、向外眺望的感觉，如图 4-69 所示。在拍摄大场景时通常会采用这一角度。

而人物在俯视镜头下会变得矮小，如图 4-70 所示。通常用这种画面语言说明被摄人物正处于弱势，可以表现人物内心的彷徨和不安，或者以此表现对卑劣人物的鄙视，有矮化人物的效果。

图 4-69

图 4-70

7. 顶视角度

顶视角度属于俯视角度，但顶视角度强调拍摄镜头处于被拍摄对象的正上方。在航拍视频中经常能看到此类镜头，如图 4-71 所示。由于人们平时很难从这样的角度观察世界，当这种镜头出现在视频画面中时，会给观众带来强烈的视觉冲击，给观众留下深刻的印象。

图 4-71

4.3.3　如何正确构图

对短视频来说，即使是相同的场景，创作者也可以采用不同的构图，形成不同的画面效果，展现画面独特的魅力。

1. 构图要素

画面的基本构图要素包括画框、主体、陪体、前景、背景等。这几个要素在画面中的位置以及所占比例影响着画面的表现效果，也影响着观众对画面的感受。

画框

画家在写生时，会用木条或卡纸制作一个四边形的方框以确定绘画对象，进行画面取舍。拍摄短视频与之相似：打开手机进行拍摄，手机屏幕所显示的画面范围，就是进行拍摄时选取拍摄对象的画框，如图 4-72 所示。

图 4-72

　　由于画框的显示范围有限，拍摄者在进行拍摄时需要对画面进行设计、取舍。如图 4-73 和图 4-74所示，对同一个场景中的物体，可以选取不同的画框进行拍摄，直至获得最佳拍摄影像。

图 4-73

图 4-74

▶ 提示

在进行视频拍摄时，最好根据拍摄内容统一使用竖画框或横画框，这样有利于视频后期的剪辑处理。此外，对同一场景可以多拍摄几条视频，以供后期筛选最佳拍摄画面。

主体

　　主体既是画面的主要表达对象，也是画面构图的支点，画面中的其他元素都应围绕主体设计构建。

　　根据不同的拍摄对象，主体既可以是人，也可以是景或者物。在叙事类视频中，拍摄主体通常是故事的主人公，如图 4-75所示；在旅游宣传类视频中，拍摄主体可能是景点建筑；在广告视频中，拍摄主体往往是广告产品。

图 4-75

陪体

　　主体的凸显离不开与之相辅相成的陪体。总体上来说，陪体的存在感要低于主体，但其表现效果却不容小觑。陪体可以对画面信息进行补充，暗示故事情节，如图 4-76所示，人物手中的护照、机票和前方的指示牌说明主人公即将出游。

图 4-76

陪体还能与主体形成对比，衬托出主体的某一特征，如图 4-77所示，站在树旁的小小人影使这棵树显得更为巨大。

图 4-77

在拍摄时需要注意的一点是，画面中出现的陪体要与主体关联，或者要与主体所在的场景适配，否则十分容易因为显得突兀而喧宾夺主，破坏画面的和谐感和美感。

前景

前景位于拍摄镜头与主体之间，能够表现出一定的空间感，主要用来装饰画面，点缀环境，如图 4-78所示，其中的竹叶就是前景。前景还有均衡画面、美化构图等作用，创造很多出其不意的画面表现效果。

图 4-78

背景

背景离拍摄镜头较远，通常在主体后面，因而也被称作后景。背景通常用于向观众交代画面主体所处的场所、环境，有时候也会用来烘托意境，有助于情感的表达。在图 4-79中，画面主体是在立交桥上站立的女子，而远处作为背景的高楼大厦不仅交代了女子所在的地点，还以霓虹闪烁的热闹繁华衬托出了女子的孤单寂寥。

图 4-79

2. 画面的构图方法

构图是对主体、陪体以及画面中的其他元素进行搭配、安排与设计。优秀的构图能够极大提升画面的表现效果。在对画面进行构图设计的时候，要善于利用图中已有的光线、色彩、轮廓线条等元素。

中心构图

将主体放置在画面的中心，这就是中心构图法，如图 4-80 所示。这是一种最简单、最基础也最常用的构图方法，当画面主体比较单一、画面内容比较简洁的时候，就很适合使用中心构图法进行画面布局。中心构图法的优点在于能够维持画面的平衡感，使观众的目光集中于画面的中心位置。

图 4-80

三分线构图

三分线构图就是将画面内容用两条线进行三等分。主要有上下三等分和左右三等分两种形式。在拍摄时，有时要善于利用画面中的自然轮廓线，如海平面、山脉、天际线等对画面进行布局，从而取得较好的表现效果。

将画面重心放在上三分之一处，被称为上三分构图；相反，将画面重心放在下三分之一处，被称为下三分构图。在拍摄海景、天空等风景的时候常常采用这种构图，在表现出画面的层次变化的同时，使画面更轻松、透气，如图 4-81 所示。

图 4-81

左右三等分与上下三等分的原理相同，如图 4-82 所示。在画面比较空旷时，使用左右三等分进行拍摄，能在使画面显得透气的同时，突出画面主体。

总的来说，三分线构图的用法非常广泛，在此基础上还衍生出了许多其他的构图法。

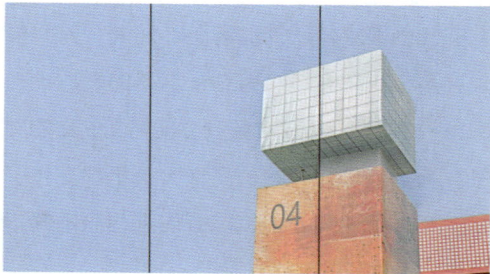

图 4-82

九宫格构图

九宫格构图法又称为"井"字构图法，如图 4-83所示，横竖交叉的4条线将画面九等分，是三分线构图法衍生的一种。九宫格的4条线交叉形成了4个交点，这4个交点接近"黄金分割点"，是画面的趣味中心，吸引着观众的视觉注意。把画面主体放置在这4个点上，往往能取得不错的拍摄效果。拍摄人像时，通常把人物的眼睛放置在这4个点上，如图 4-84所示。

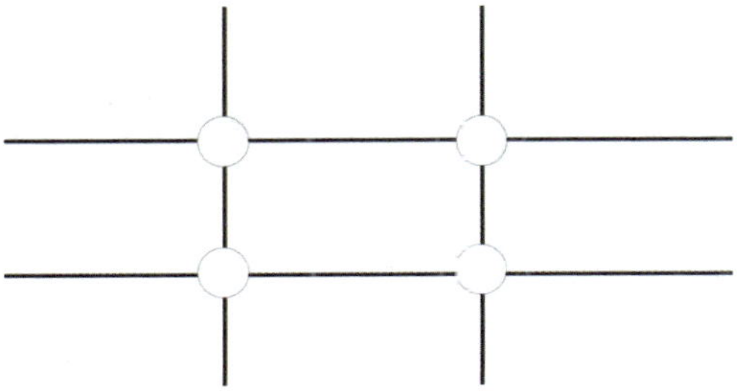

图 4-83

图 4-84

对角线构图

对角线构图指的是利用画面中的视觉引导线作为对角线进行构图，画面主体通常位于对角线上。光束、色块、影调都可以被用作对角线进行构图，获得独特的视觉效果。

不稳定的斜线能够增强画面的动感。在拍摄登山、攀岩等运动画面时通常会采用对角线构图。在竖幅画面中，利用山崖边缘进行对角线构图，既能凸显出山的陡峭，又能表现出攀登的惊险，如图 4-85所示。

此外，使用对角线进行构图还能起到延伸画面空间的作用，如图 4-86所示。

图 4-85

图 4-86

对称式构图

在拍摄人文景观时，尤其是在拍摄结构规整的建筑时，常会用到对称式构图。对称式构图的画面规整、平衡，有助于营造庄重肃穆的氛围。

除了顺应建筑本身的结构进行对称式构图外，还可以利用水面、镜面来使画面对称，如图 4-87 所示，拱桥在水面上的倒影与拱桥一同构成了一个完整的圆形，取得出其不意的视觉效果。

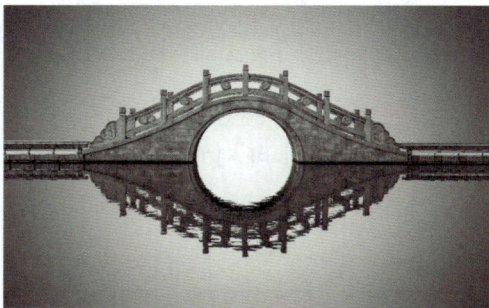

图 4-87

框架式构图

在拍摄画框内部再增加一个画框，这就是框架式构图。用来辅助构图的框架一般由窗户、门廊、隧道等自带框架结构的物体充当。在框架之中再增加框架，能够进一步加强画面的空间感，如图 4-88 所示，带给观众"庭院深深"的观感。

此外，应用框架式构图还能构建视角，引导观众视线，给人带来独特的感受。

图 4-88

4.4 视频拍摄的用光技巧

在看电影时，很多观众会被电影中震撼人心的光影效果以及绚丽的色彩所打动，光影和色彩是拍摄时不容忽视的两个重要因素，二者皆为故事服务。因为光影的存在，画面变得富有生机和活力；因为色彩的存在，画面变得有层次和情感。正因为光影和色彩的存在，短视频作品才显得有内涵和生命力。

4.4.1 认识光线

光线决定画面的质感和细节。光线的强度、方向不同，拍摄出来的画面效果一般也是不同的，所以需要清晰地掌握光线的相关知识，了解其对于短视频拍摄所起的作用。

1. 光线的强度

根据强度的不同，光线大致可以分为3种：强光（硬光）、柔光和弱光。

- **强光（硬光）：** 正午的阳光通常为强光。在强光下拍摄，很容易出现曝光过度的问题，尤其是人物的头发、脸部、白色衣物等，受到强光的照射很容易产生反光，从而造成细节丢失的问题。所以在强光下拍摄短视频，需要降低手机相机的曝光值，以得到一种明暗反差的效果，这样拍摄的画面会非常有质感，如图 4-89 所示。需要注意的是，在降低曝光值的同时还需要锁定曝光，避免拍摄的画面产生闪烁的现象。

- **柔光：** 柔光是非常适合日常拍摄的光线，在柔光环境下拍摄出的画面不会曝光过度，也不会曝光不足，并且主体细节表现到位，如图 4-90 所示。如果要拍摄人物，可以选在上午或下午进行拍摄（运用清晨或日落前的阳光可以拍出柔光效果），拍摄时尽量避开一天中的强光和弱光时段。

图 4-89

图 4-90

- **弱光：** 由于手机的感光元件不够大，在弱光环境下的成像能力并不是很好，因此并不建议在弱光环境下使用手机去拍摄一些需要表现细节的作品。如果想要拍摄较好的夜景弱光效果，可以选择在天还没有全黑的时段拍摄，也可以适当利用手机的闪光灯、补光灯或周遭的环境光进行补光，如图 4-91 所示。

图 4-91

▶ **提示**

在光线较弱的情况下，不妨尝试拍摄剪影效果，一面白墙或者一块公交站台的白色广告板，都很适合拍摄人物的剪影。此外，在水边拍摄时，还可以利用水面的反光拍摄人物。

2. 光线的方向

光线按照方向可以分为顺光、侧光、逆光和顶光。

- **顺光：** 当光源和拍摄手机处于同一侧且高度相当时，被拍摄的对象处于顺光照射下，光位如图 4-92所示。顺光的优点在于能够均匀地照亮画面，清晰地展现被拍摄的对象或场景，如图 4-93所示。但顺光拍摄的画面立体感较差，画面较为扁平。

图 4-92 图 4-93

- **侧光：** 当光源位于拍摄手机的侧面时，被拍摄的对象处于侧光照射下，光位如图 4-94所示。此时画面有了明显的明暗变化，在拍摄人物时能够表现出毛发、皮肤等的质感，如图 4-95所示。但侧光所造成的明暗差异分明，缺少细腻的过渡。

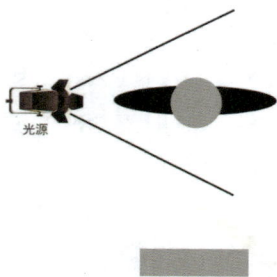

图 4-94 图 4-95

- **逆光：** 当光源位于拍摄手机的正对面时，被拍摄对象处于逆光照射下，光位如图 4-96所示。此时拍摄对象的受光面在背部，人物的神情或物体的表面都无法得到清晰呈现，但人物轮廓分明，可以用来表现剪影效果，如图 4-97所示。此外，逆光还能被用于营造神秘氛围。在进行逆光拍摄时，要特别注意画面的光影协调，必要时需要使用辅助光进行补光。

图 4-96

图 4-97

- **顶光**：光源从上方打下光束，被拍摄对象处于顶光的照射之中，光位如图 4-98所示。运用顶光进行拍摄时，人物的眼窝、鼻子底部以及下颌处等部位会出现较深的阴影，如图 4-99所示。这种光通常在人物登场造型时使用，有时候也用来表现人物憔悴、悲伤、失落的精神面貌。

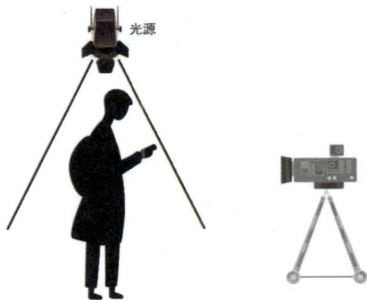

图 4-98

图 4-99

4.4.2 认识色彩

色彩是视觉艺术的重要表现手段，它具有影响观众心理的能力，不同的色彩给人带来的心理感受是不一样的。在日常拍摄中，受天气变化及色温的影响，不同时间段拍摄的画面色彩大不相同，创作者可以根据需要表达的主题来调整色温或塑造场景。

1. 用冷色调营造肃杀感

青色、蓝色、紫色这几种颜色通常称为冷色。冷色调是较为常用的一种色调，使用手机拍摄短视频时，可以在原相机中设置冷色调画面的效果。比如，在使用手机拍摄短视频时，可以在相机中手动调整白平衡，白平衡数值越小，色调越冷。

　　在拍摄清晨的画面时，可以适当运用冷色调，这样拍摄出来的画面会显得清新自然，看起来也比较干净，如图 4-100 所示。

　　需要注意的是，冷色调不能随意运用，而应根据场景适当运用，比如要拍摄傍晚时分的场景，若运用冷色调，傍晚时分的环境感就会被弱化，画面表现也不尽如人意。

图 4-100

2. 用暖色调让气氛变得温暖

　　暖色调通常包含红色、黄色等明亮的颜色，平时大家看到的红色花朵、橙色落日等，都属于暖色调对象。暖色调可以给观众带来温暖的感受。在拍摄一些暖色调画面时，除了可以通过调节白平衡模式改变色温，还可以主动选择一些暖色调较明显的场景进行拍摄，再通过后期处理提高画面中颜色的饱和度，如图 4-101 所示。

图 4-101

3. 用黑白色调让人怀旧

　　黑白色调的画面可以带领观众进入一个单色的世界，在这个世界中，物体仅有亮面与暗面，画面为黑白色调。

　　黑白色调通常是通过后期调色得到的，前期正常拍摄视频内容，后期再使用视频剪辑软件调色。在拍摄短视频时，可以适当运用黑白色调来表现回忆的场景，或表现压抑、神秘的画面，如图 4-102 所示。

图 4-102

　　要想展示黑白色调的魅力，情感构思是重点。在构思过程中可运用对比、呼应、平衡等方法，结合情感需要，借助黑色、白色、灰色来构成黑白色调作品的艺术视觉效果，营造独特的艺术氛围。需要注意的是，并非所有风光、人物都适合黑白色调，如果想要使画面具有水墨画效果，可以拍摄那些有大面积云雾或雪地的场景，然后根据水墨画中"计白当黑"与留白的理论进行调色，得到具有水墨画韵味的黑白色调画面，如图 4-103 所示。

图 4-103

4.4.3　用光技巧

拍摄风光时，往往要追求最佳的拍摄时机和光线。如果抓住合适的拍摄时机，再运用一些用光技巧，就可以拍出唯美的画面。

1. 在日出或日落时分拍摄

在日出和日落前后可以拍摄出色彩丰富的画面，因为在这两个时间段，阳光非常柔和，天边霞光五彩斑斓，云彩层次分明，如图 4-104所示。

拍摄日出、日落需要提前做好拍摄准备工作。拍摄日出需要在日出之前到达拍摄地点，架好拍摄机位，静待太阳升起的时刻。同样，拍摄日落需要在日落前找到最佳的取景地点，做好相关拍摄准备工作。

图 4-104

2. 巧妙运用轮廓光

轮廓光具有很强的造型效果，在主体的影调或色调与背景极为接近时，运用轮廓光能够清晰地勾勒出主体的形态。此外，轮廓光还具有很强的装饰作用，能在主体的四周形成金灿灿的轮廓，使主体看起来就像被镶嵌到了一个光环中，非常漂亮，如图 4-105所示。

图 4-105

3. 巧用逆光拍摄剪影

剪影会让主体和背景产生强烈的明暗对比，画面也会变得更有层次和质感，如图4-106所示。通常可以使用主体来遮挡一些阳光，拍摄出主体的轮廓。利用逆光拍摄剪影时可以使用一些拍摄技巧，比如拍摄人物在奔跑中的剪影时，可以将手机贴近地面，这时人物从远处跑来，就会形成若隐若现的剪影。使用逆光的重点是找到合适的角度拍摄主体的轮廓。

4. 使用光影表现氛围

在树荫、山谷、建筑等有阴影的场景中容易形成明暗对比，这时就可以让光影成为画面中的点缀。比如，山间的云彩所形成的光影可以增强画面的层次感，如图 4-107所示；阳光洒在起伏的沙漠上，也会形成柔美的光影，使画面极具艺术感。大家要做的就是多看、多拍，练就一双善于发现美的眼睛。

图 4-106

图 4-107

4.5 短视频中的运镜技巧

运镜也叫运动镜头，主要指镜头自身的运动。很多炫酷的短视频都是由不同的运动镜头拼接而成的，具有独特的视觉艺术效果。在拍摄短视频的过程中，可运用一些特殊的运镜技巧，增加短视频的亮点。

4.5.1 推镜头

推镜头是指被拍摄对象不动，由拍摄者持拍摄设备对准被拍摄对象，从远处向前移近，如图 4-108所示，变焦同样能实现此画面效果。推镜头逐渐放大画面中的被拍摄对象，能够突出画面细节，起强调作用。

图 4-108

此外，推镜头速度的快慢也能给人带来不同的感受。如果推镜头的速度较快，会给观众带来冲击感。一般而言，推镜头用于使观众快速进入故事情节，画面效果如图 4-109和图 4-110 所示。

图 4-109

图 4-110

4.5.2 拉镜头

与推镜头相反，拉镜头是指被拍摄对象位置不动，拍摄者持拍摄设备由近向远的过程，如图 4-111所示，变焦同样能实现此画面效果。拉镜头使被拍摄对象远离镜头，表现从局部到整体的关系，能够观察全局。

图 4-111

此外，快速向后拉镜头可以用于表现人物之间的突然疏离，营造一种强烈的不信任感，或表现人物从当前场景中抽离出来。拉镜头的画面效果如图 4-112和图 4-113所示。

图 4-112

图 4-113

4.5.3　摇镜头

摇镜头是指拍摄机位固定，但镜头发生转动进行拍摄的拍摄手法。摇镜头是较常见的拍摄手法，也常和其他的拍摄手法相结合。

使用摇镜头拍摄出的画面如图 4-114 所示。

图 4-114

将景别、景深的变化与摇镜头结合可以增加短视频的戏剧性效果和视觉吸引力，也可以暗示时间、地点、情感和情节的变化。摇镜头可引导观众的注意力落在画面中的某人或者某物上，但观众又无法察觉这种镜头的摇动，就像是注意力自然而然地转移。

摇镜头具有揭示、情节暗示、模拟视角、小空间叙事、画面对比等作用。运用好摇镜头，能够使短视频的叙事效果更上一层楼。

4.5.4　移镜头

移镜头也称为摄像机移动，是一种常见摄像技巧，指摄像机在水平、垂直或三维空间中移动，以改变视角、镜头位置和画面构图，如图 4-115 所示。

图 4-115

移镜头常用于创造动态、吸引人的画面效果，例如从静态场景到动感的运动场景，以增加观众的参与感和画面的视觉吸引力。使用移镜头的手法拍摄的画面如图 4-116 所示。

图 4-116

移镜头可以采用不同的方式实现，包括以下几种常见的方法。

- **平移：**摄像机水平移动，从一个位置平稳地移向另一个位置，以拍摄水平运动或改变视角。
- **抬升/降低：**摄像机上下移动，可以用来改变视角的高度，如低角度和高角度拍摄。
- **旋转：**摄像机围绕主体或自身轴线旋转，创造环绕和跟踪运动效果。
- **变焦：**使用镜头变焦，可以远距离或近距离拍摄，改变焦距，从而调整主题的大小和背景的深度。
- **三维移动：**结合水平、垂直和旋转运动，在三维空间中自由移动摄像机。

移镜头的主要作用是表现场景中的人与物、人与人、物与物之间的空间关系，或者把一些事物连贯起来加以表现。移镜头与摇镜头的相似之处在于，它们都是为了表现场景中的主体与陪体之间的关系，但是在画面上给人的视觉效果是完全不同的。

摇镜头是摄像机的位置不变，拍摄角度和被拍摄物体发生变化，适合拍摄距离较近的物体和主体；而移镜头则是拍摄角度不变，摄像机移动（或是在摄像机不动的情况下，改变焦距或者移动后景中的被拍摄物体），以形成跟随的视觉效果，可以创造特定的情绪和氛围。

4.5.5　升降镜头

升降镜头是指摄像机上下运动拍摄画面，如图4-117所示。这是一种从多视角表现场景的方法，其变化的技巧有垂直升降、斜向升降和不规则升降。在拍摄的过程中，不断改变摄像机的高度和俯仰角度，会给观众带来丰富的视觉感受。如果能在实际拍摄中与镜头表现的其他技巧结合运用，则能够呈现出丰富多变的视觉效果。

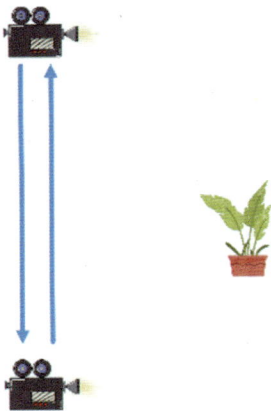

图 4-117

4.5.6 旋转镜头

旋转镜头是指被摄主体呈旋转效果的画面，摄像机沿镜头光轴或接近光轴的角度旋转拍摄，如图 4-118所示。这种拍摄手法可以使观众产生眩晕感，是影视拍摄常用的一种拍摄手法。

图 4-118

在拍摄旋转镜头时，摄像师手持稳定器快速进行旋转拍摄，以实现旋转镜头的效果；也可以拍摄反向环绕旋转镜头，摄像师手持稳定器原地转动即可；还可以对被拍摄物体进行低角度环绕旋转拍摄，这种镜头比较适合用于展现主体的高大形象。

4.5.7 固定镜头

固定镜头是指在拍摄过程中，摄影机机位、镜头光轴和焦距都固定不变，而被拍摄对象可以是静态的，也可以是动态的。固定镜头在短视频拍摄中很常用。在固定的框架下长久地拍摄运动的或静态的事物，可以体现事物发展规律。

固定镜头可以展示拍摄主体的细节、介绍拍摄主体的环境以及把握视频节奏。此外，因为固定镜头的边框具有半封闭性的特点，所以用户看见的视频画面具有一定的局限性，创作者可以利用这一特点为观众设置悬念。

▶ 提示

固定镜头具有视点单一、构图缺乏变化、难以呈现曲折环境等局限性，若要提升短视频的质量，还需要与其他镜头配合使用。

▷

第5章

Chapter 5

素材生成：
AI工具快速生成各种素材

除了亲自拍摄，用户还可以选择使用AI平台或工具生成需要的各种素材。本章主要介绍AI绘画的基础知识、AI绘画与AI视频的常见工具与平台。

5.1　AI绘画的基础知识

AI绘画指使用人工智能技术生成艺术作品，涵盖各种技术和方法，包括计算机视觉、深度学习、生成对抗网络（Generative Adversarial Network，GAN）等。依托这些技术，可以生成各种艺术风格的作品。AI绘画效果如图5-1所示。

▶提示

与传统的绘画创作不同，AI绘画的过程与结果依赖于计算机技术，可以为艺术家和设计师带来独特的绘画创作体验。AI绘画的优势不仅在于可以提高创作效率、降低创作成本，更在于能增强作品的创造性和开放性，推动艺术创作的发展。

图 5-1

5.1.1　AI绘画的技术特点

AI绘画具有快速、高效、自动化等特点，它的技术特点主要在于能够依托人工智能技术和算法对图像进行处理，实现艺术风格的融合和变换，提升用户的绘画创作体验。AI绘画的技术特点包括以下几个方面。

- **图像生成：** 使用生成对抗网络、变分自编码器（Variational Auto-Encoder，VAE）等技术生成图像，实现从零开始创作艺术作品。
- **风格转换：** 使用卷积神经网络（Convolution Neural Networks，CNN）等技术将一幅图像由一种风格转换为另一种风格，从而实现多种艺术风格的融合和转换，例如图5-2所示为写实风格图像，而图5-3所示则为动漫风格图像。

图 5-2　　　　　　　　　　　　　　　　　　图 5-3

- **自适应着色：** 使用图像分割、颜色填充等技术，自动为线稿或黑白图像添加颜色和纹理，从而实现图像的自适应着色。
- **图像增强：** 使用超分辨率（Super-Resolution）、去噪（Noise Reduction）等技术，大幅度提高图像的清晰度和质量，使艺术作品更加逼真、精细。

▶ **提示**

超分辨率技术是指使用硬件或者软件提高原有图像分辨率的技术，以一系列低分辨率的图像为基础，得到高分辨率图像的过程就是超分辨率重建。而去噪是指去除图像中的噪点，从而获得更好的图像效果。

- **监督学习和无监督学习：** 使用监督学习（Supervised Learning）和无监督学习（Unsupervised Learning）等技术，对艺术作品进行分类、识别、重构、优化等处理，可以实现对艺术作品的深度理解。

▶ **提示**

监督学习也称为监督训练或有教师学习，是利用一组已知类别的样本调整分类器的参数，使分类器达到所要求性能的过程。无监督学习是根据类别未知（没有被标记）的训练样本解决模式识别等各种问题的过程。

5.1.2　AI绘画的应用领域

近年来，AI绘画得到了越来越多的关注和研究，其应用领域也越来越广泛，包括游戏、电影和动画、设计和广告、数字艺术等。AI绘画不仅可以用于生成各种形式的艺术作品，包括素描、水彩画、油画、立体艺术等，还可以在艺术作品的创作过程中发挥所长，帮助艺术家更快、更准确地表达自己的创意。

1. 游戏开发领域

AI绘画可以帮助游戏开发者快速生成游戏中需要的各种艺术资源，比如人物角色、环境、场景等图像素材。使用AI绘画生成的场景效果如图5-4所示。

游戏开发者可以先使用生成对抗网络或其他技术快速生成角色草图，再使用传统绘画工具进行优化。

图 5-4

2. 电影和动画领域

AI绘画在电影和动画制作中有着越来越广泛的应用，可以帮助电影和动画制作人员快速生成各种场景、进行角色设计，甚至协助特效制作和后期制作。使用AI绘画生成的场景如图 5-5 所示，可以帮助制作人员更好地规划电影和动画的场景和布局。

使用AI绘画生成的角色如图 5-6所示，可以帮助制作人员更好地理解角色，更精准地塑造角色形象。

图 5-5　　　　　　　　　　　　　　　　　　图 5-6

3. 设计和广告领域

在设计和广告领域，使用AI绘画可以提高设计效率和作品质量，促进广告内容的多样化发展，增强产品设计的创造力和展示效果，以及提供更加智能、高效的用户交互体验。设计师和广告制作人员可以使用AI绘画快速生成各种平面设计和宣传资料，如广告图、海报、宣传图等图像素材。使用AI绘画生成的香水广告图片如图 5-7所示。

AI绘画还可以用于生成虚拟产品的样品图，如图 5-8所示，在产品设计阶段帮助设计师更好地进行设计和展示。

图 5-7　　　　　　　　　　　　　　　　　　图 5-8

4. 数字艺术领域

目前，AI绘画已成为数字艺术的重要形式之一，艺术家可以利用AI绘画的技术特点，创作出具有独特性的数字艺术作品，如图 5-9所示。AI绘画的发展对于数字艺术的推广有重要作用，它推动了数字艺术的创新。

图 5-9

5.2 AI绘画与AI视频的常见工具与平台

如今，AI绘画与AI视频工具和平台的种类非常多，用户可以根据自己的需求选择合适的平台和工具进行创作，本节将介绍AI绘画与AI视频的常见工具与平台。

5.2.1 即梦AI

即梦AI是剪映官方推出的一款智能创作平台，可以根据文案或图片生成精彩的作品，如图 5-10所示。即梦AI拥有许多功能，例如智能画布、多图AI融合和创意社区，帮助用户轻松实现影像创作。

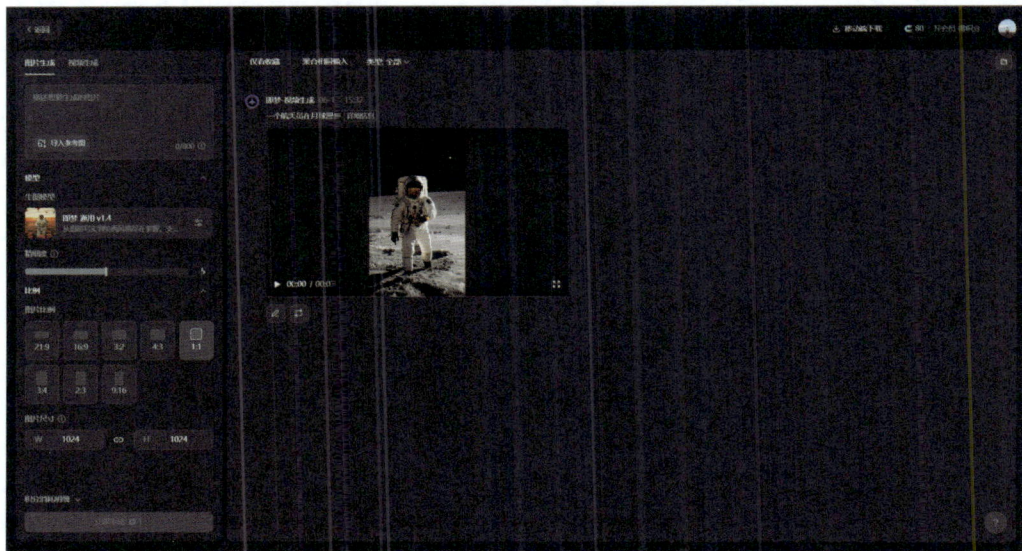

图 5-10

即梦AI能够根据用户输入的信息生成精美的图片素材，极大地提升用户的工作效率。

5.2.2 文心一格

文心一格是由百度飞桨推出的AI艺术和创意辅助平台，依托百度飞桨的深度学习技术，帮助用户快速生成高质量的图像和艺术作品，提高用户的创作效率。文心一格特别适合需要频繁进行艺术创作的人群，比如艺术家、设计家、广告从业者等。使用文心一格可以进行以下操作。

- **自动画像：**用户可以上传一张图片，使用文心一格平台提供的自动画像功能，将其转换为不同艺术风格的图片。文心一格平台支持多种画面风格，例如二次元、漫画、插画、像素艺术等。
- **智能生成：**用户可以使用文心一格平台提供的智能生成功能生成各种类型的图像。文心一格平台依托深度学习技术，能够自动学习用户的创意（关键词）和风格，生成相应的图像和艺术作品。
- **优化创作：**文心一格平台可以根据用户的创意和需求，对已有图像进行优化和改进。用户只需要提供自己的想法，文心一格平台就可以自动分析和优化目标图像。

文心一格的AI创作页面如图 5-11所示。

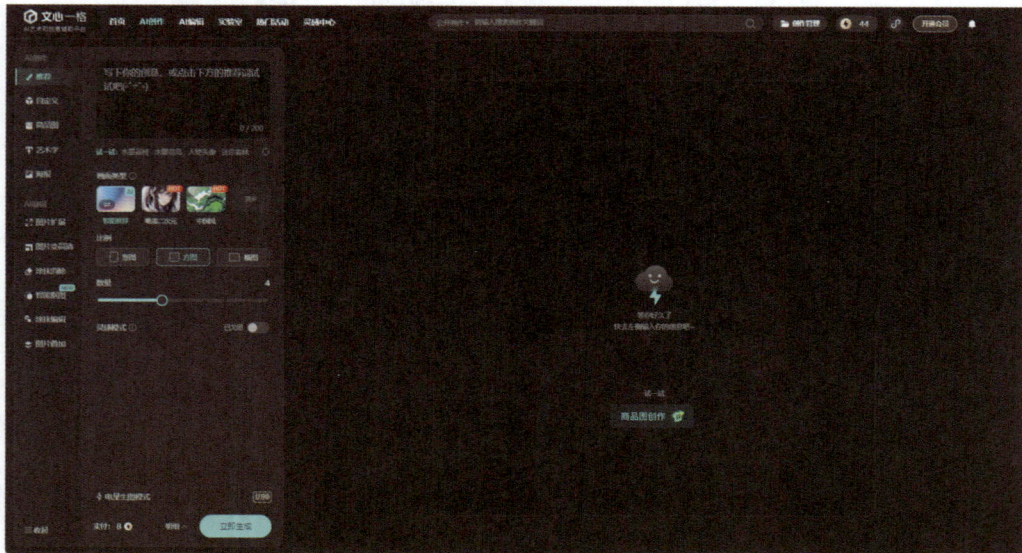

图 5-11

5.2.3　Midjourney

　　Midjourney是一款基于人工智能技术的绘画工具，能够帮助艺术家和设计师快速、高效地创作艺术作品。Midjourney内置各种指令，用户只要发送关键字和指令，就能通过AI算法生成相关图片。Midjourney的使用界面如图 5-12所示。

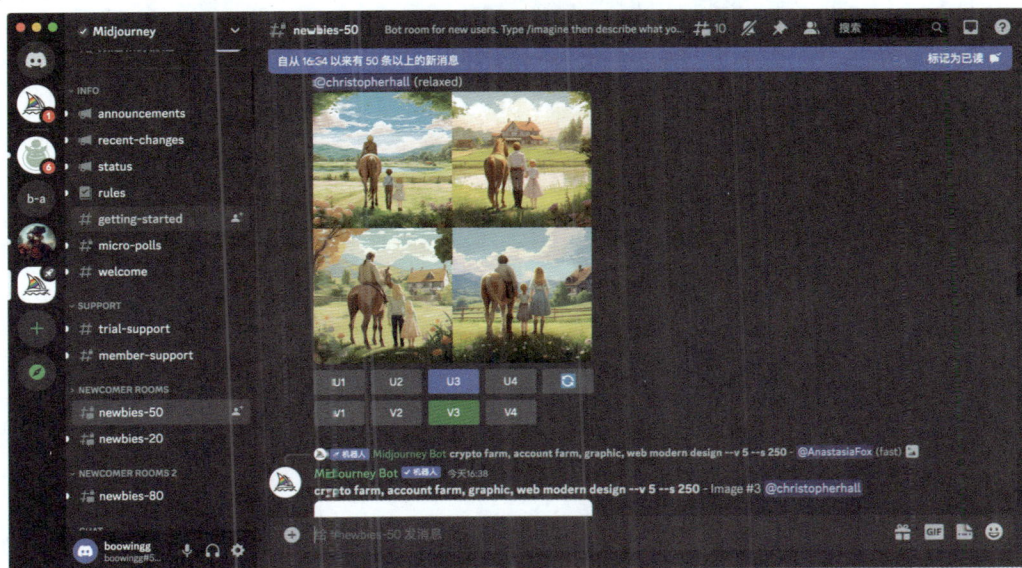

图 5-12

　　Midjourney拥有智能绘图功能，能够智能化地推荐颜色、纹理、图案等元素，帮助用户轻松创作精美的绘画作品。此外，Midjourney可以用来快速生成各种有趣的视觉效果和艺术作品，极大地方便了用户的日常设计工作。

5.2.4　AI作画

　　AI作画是百度AI开放平台推出的图片创作工具，如图 5-13所示，能够基于用户输入的文本内容生成不限风格的图像。使用AI作画工具时，用户只需要简单地输入指令，AI就能根据语意生成不同的作品。

图 5-13

5.2.5 无界版图

无界版图是一个数字版权在线交易平台，利用区块链技术在资产确权、拍卖方面的优势，全面整合全球优质艺术资源，致力于为艺术家、创作者提供数字作品的版权登记、保护、使用、拍卖等一整套解决方案。无界版图平台中的作品所有权拍卖信息如图 5-14所示。

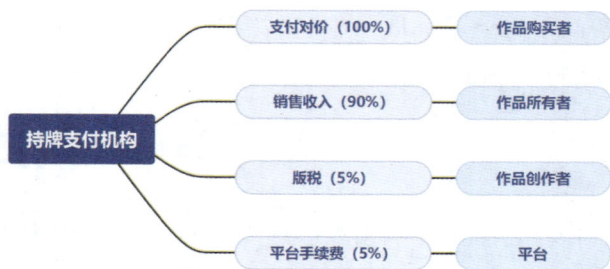

图 5-14

无界版图具有强大的AI创作功能，用户可以选择二次元模型、通用模型或色彩模型，输入画面描述词并设置合适的画面大小和分辨率，生成画作。无界版图的首页如图 5-15所示。

图 5-15

5.2.6　造梦日记

造梦日记是一个基于 AI 算法生成高质量图像的平台，用户可以输入任何"梦中画面"的描述词，如一段文字描述（一个实物描述或一个场景描述）、一首诗、一句歌词等，该平台可以生成相关图像。造梦日记的首页如图 5-16 所示。

图 5-16

5.2.7　可灵

可灵（Kling）是由快手大模型团队开发的视频生成大模型，具备强大的视频生成能力，让用户可以轻松高效地完成艺术视频创作。

不同于其他 AI 视频工具，可灵得益于高效的训练基础设施、极致的推理优化和可扩展的基础架构，能够生成长达 2 分钟的视频，且帧率高达 30 帧/秒。此外，可灵采用 3D 时空联合注意力机制，基于自研模型架构及缩放定律（Scaling Law）激发出的强大建模能力，能够更好地建模复杂时空运动，生成运动幅度较大的视频内容；能够模拟真实世界的物理特性，生成符合物理规律的视频。基于对文本—视频语义的深刻理解和 Diffusion Transformer 架构的强大能力，可灵能够将用户丰富的想象力转化为具体的画面，构建出真实世界中不会出现的场景。

可灵的首页如图 5-17 所示。

图 5-17

用户单击"立即体验"按钮并登录快手账号后即可使用可灵，其创作界面如图 5-18 所示。在编写本书之时，可灵为用户提供了两种模型，分别是可灵1.0和可灵1.5，用户可以根据自身需求选择合适的模型进行生成。

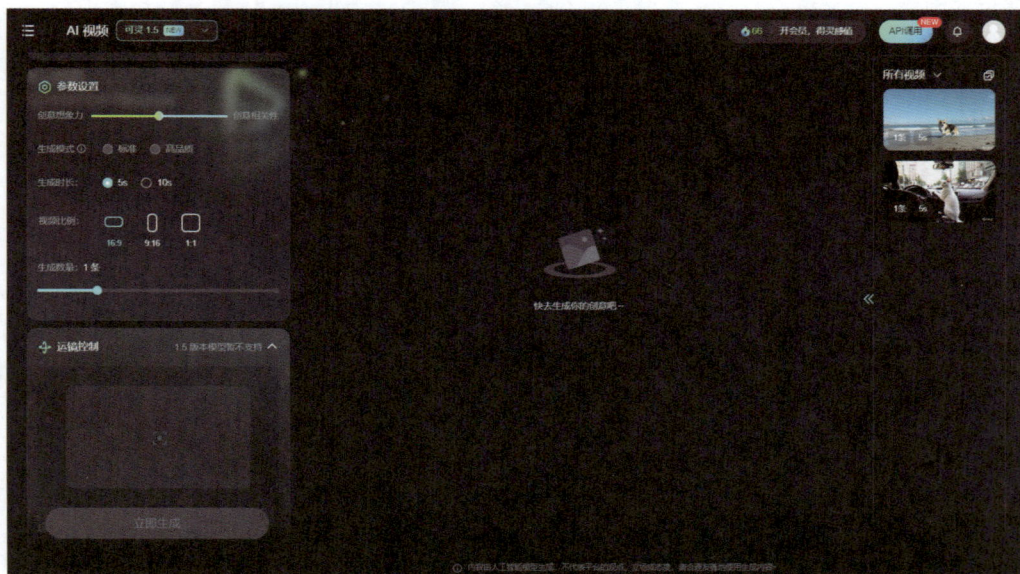

图 5-18

5.2.8 海螺AI

海螺AI可以将文本转化为惊艳的视频。进入海螺AI的首页，如图 5-19所示，登录账号后在输入框中输入自己的想法，单击"生成"按钮，即可实现文字生成视频的操作。

图 5-19

5.3 即梦AI的使用方法

即梦AI是一个AI创作平台，可激发用户的灵感，提升绘画和制作视频的创作体验，让用户将想象变成现实。即梦AI拥有多种功能，例如图片生视频、文本生视频等，本节将介绍即梦AI的使用方法。

5.3.1 基础用法

在搜索引擎中搜索"即梦"，搜索结果如图 5-20所示。

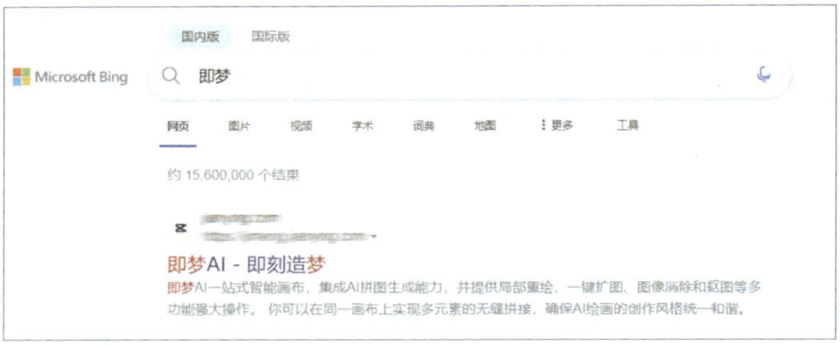

图 5-20

　　进入即梦AI的首页，如图 5-21所示，用户只需要在首页中单击想要使用的功能模块，即可进入相应的功能界面。

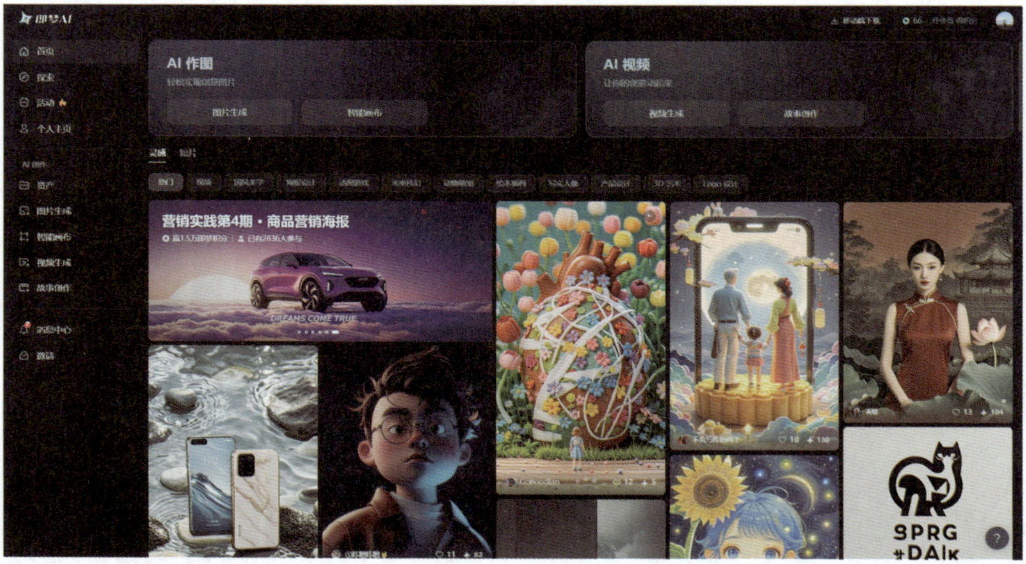

图 5-21

5.3.2　图片生视频

　　即梦AI中的图片生视频功能可以识别用户导入的图片，并根据用户提供的关键词进行视频生成。

　　在首页中单击"AI视频"模块中的"视频生成"按钮，如图 5-22所示。

图 5-22

进入视频生成界面，如图 5-23所示。界面左侧为设置栏，默认为图片生成视频参数设置，用户可以在这里设置相应参数，以获得更好的视频画面效果。

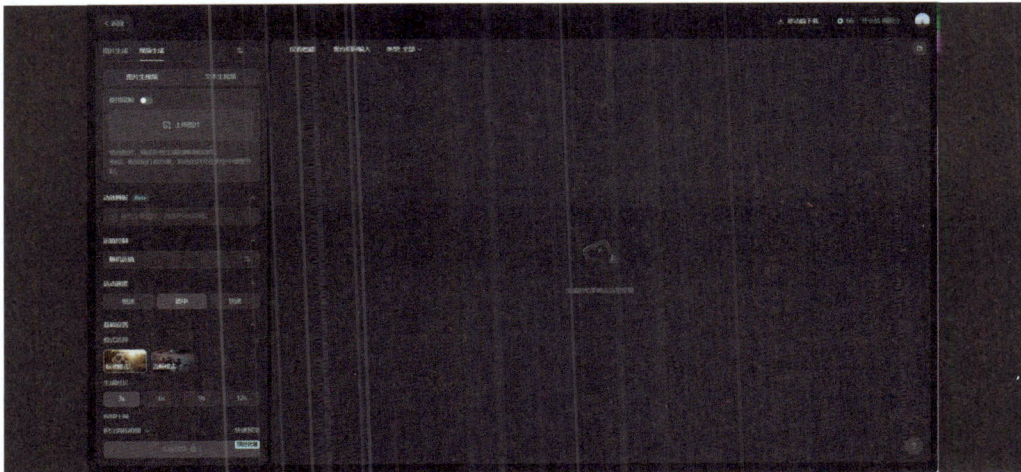

图 5-23

用户在上传图片并设置好相关参数后，单击设置栏最下方的"生成视频"按钮，如图 5-24所示，即可生成视频。

5.3.3　文本生视频

除了图片生视频以外，即梦 AI 还具有文本生视频的功能。在设置栏中切换至"文本生视频"模块，如图 5-25所示，在输入框中输入提示词，再单击设置栏最下方的"生成视频"按钮，即可生成视频。

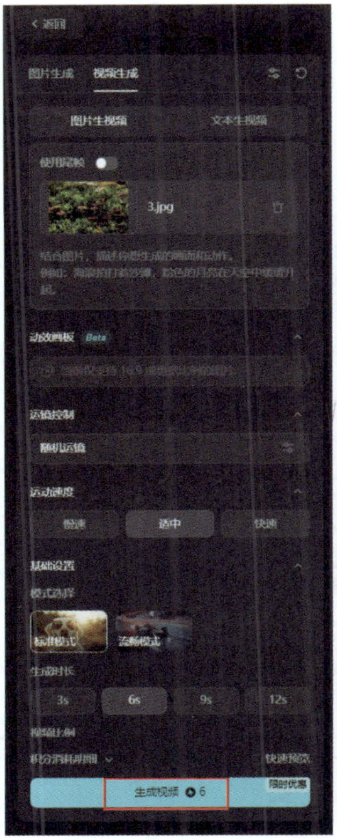

图 5-24

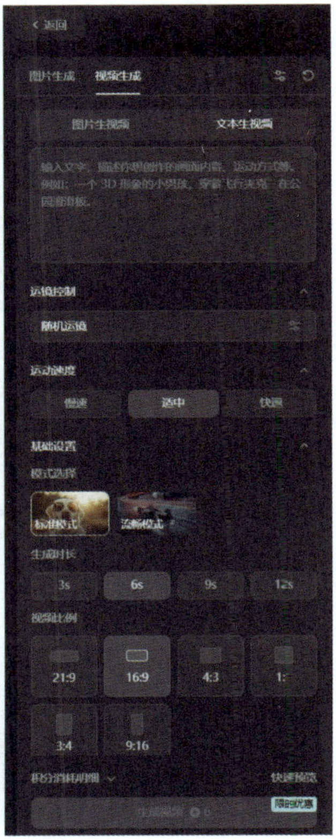

图 5-25

5.3.4 使用首尾帧功能制作"穿越"视频

即梦AI的"图片生视频"模块中还有一个很好用的功能是首尾帧功能，用户可以在即梦AI中上传首尾帧的图片，即梦AI会自动根据上传的首尾帧图片生成视频。

本小节将使用首尾帧功能制作穿越视频，选用的素材为城市与古建筑，较大的反差能够让穿越效果更加明显。在即梦AI中上传首尾帧图片，并设置好参数，如图 5-26所示。

生成视频后会在即梦AI中展示，如图 5-27所示，用户可以多次调整参数以获得更好的视频效果。

图 5-26

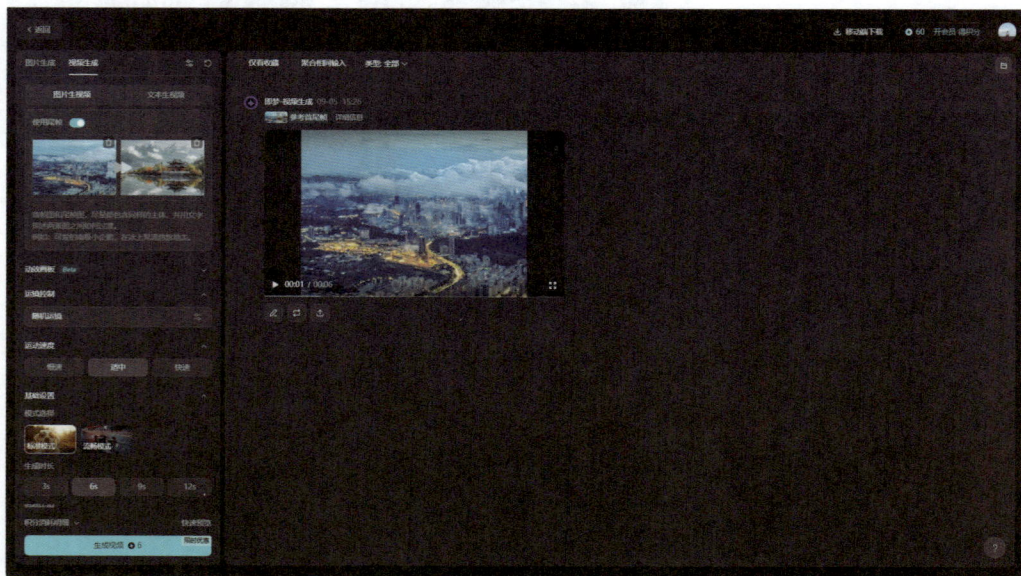

图 5-27

▶提示

使用首尾帧功能时应注意首帧和尾帧图片的画面比例保持一致，否则无法导入即梦AI。

5.3.5　使用首尾帧功能制作"逆生长"视频

使用首尾帧功能不仅能制作穿越视频，还可以制作逆生长视频。

在即梦AI中导入首帧图片与尾帧图片，并设置好参数，如图 5-28所示。

单击设置栏底部的"生成视频"按钮，即可生成视频，如图 5-29所示。

图 5-28

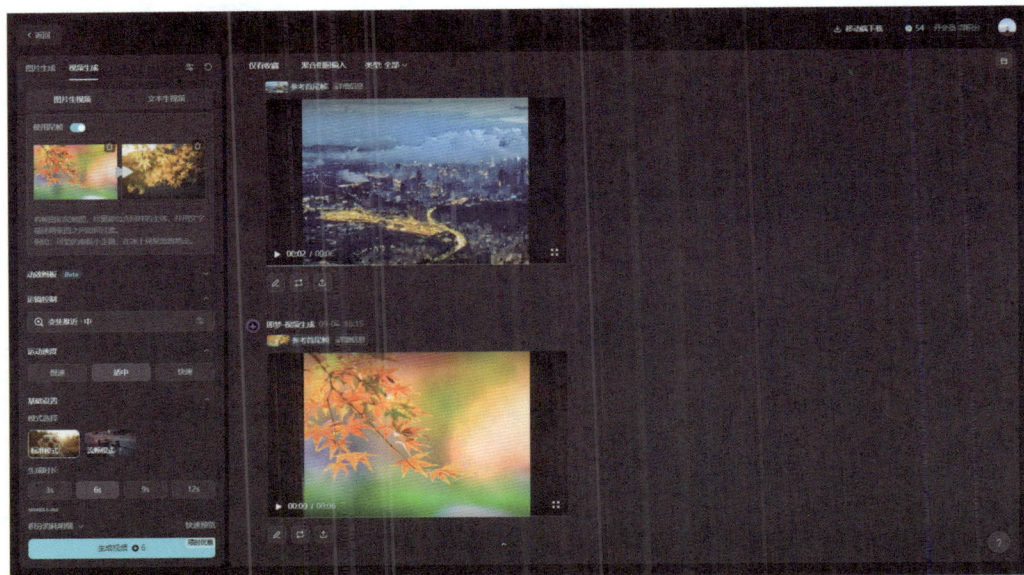

图 5-29

5.3.6 使用"智能画布"制作创意Logo

使用即梦AI的"AI作图"模块中的"智能画布"可以上传图片并生成图片，也可以直接用文字生成图片，并能够直接进行调整。

在首页中单击"智能画布"按钮，如图 5-30所示，即可进入智能画布界面。

图 5-30

在智能画布界面中选择"文生图"选项，在输入框中输入关键词，单击设置栏中的"生成图片"按钮，即可生成Logo，如图 5-31所示。

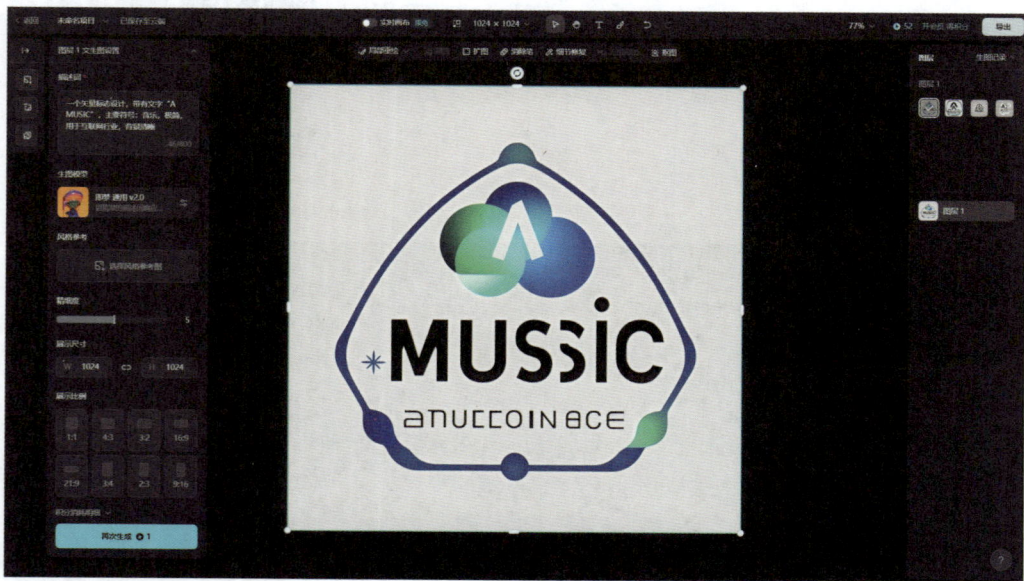

图 5-31

5.4 文心一格的使用方法

文心一格源于百度在人工智能领域的持续开发和创新。百度在自然语言处理、图像识别等领域积累了深厚的技术实力和海量的数据资源，并以此为基础，不断推进人工智能技术在各个领域的应用。

用户可以使用文心一格快速生成高质量的画作。文心一格支持自定义关键词、画面类型、图像比例、数量等参数，即使使用完全相同的关键词，文心一格每次生成的画作也各有特点。

5.4.1 基础用法

使用文心一格的"推荐'AI绘画模式，用户只需要提供关键词（文心一格也将其称为创意），文心一格即可自动生成画作。

进入文心一格首页，登录账户后，单击首页中的"立即创作"按钮，即可进入"AI创作"界面。在输入框中输入关键词，单击"立即生成"按钮，如图 5-32 所示。

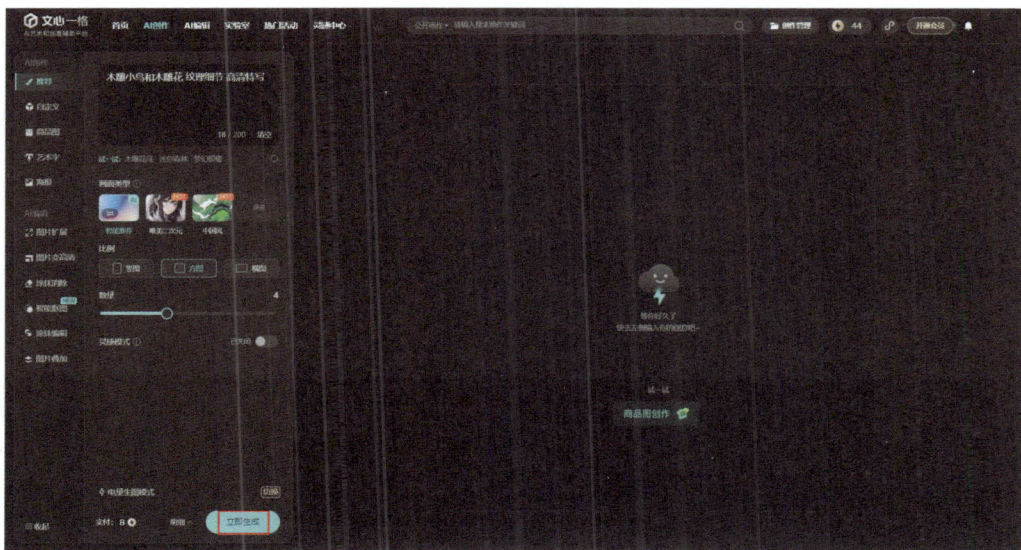

图 5-32

稍等片刻，即可生成一幅与关键词相关
的 AI 绘画作品，效果如图 5-33 所示。

图 5-33

5.4.2 选择画面类型

文心一格中可选择的画面类型非常多，包括"智能推荐""唯美二次元""中国风""艺
术创想""插画""明亮插画"等类型。

进入"AI 创作"界面，在"画面类型"选项区中单击"更多"按钮，即可选择更多的画面
类型，如图 5-34 所示。

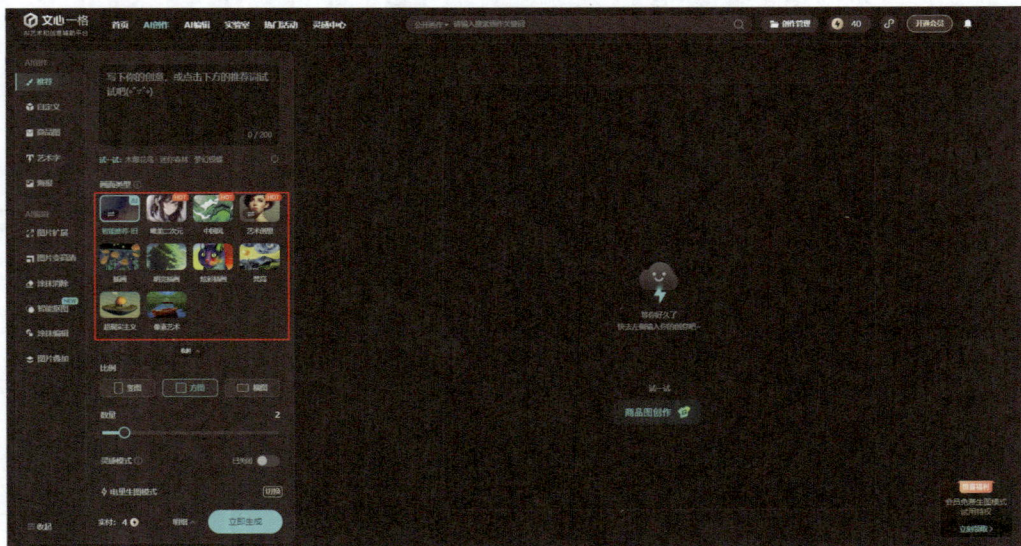

图 5-34

选择"唯美二次元"选项，输入关键词后，单击"立即生成"按钮，如图 5-35 所示。

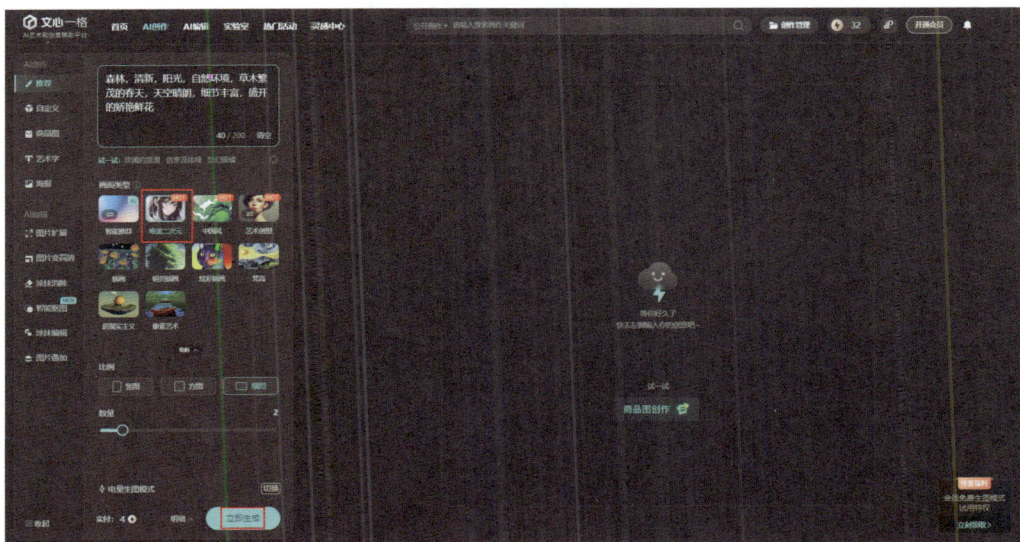

图 5-35

生成的"唯美二次元"类型的 AI 绘画作品效果如图 5-36 所示。

图 5-36

▶ 提示

"唯美二次元"类型的特点是画面色彩丰富、线条细腻柔和，表现出梦幻、浪漫的氛围，让人感到轻松愉悦，常见于动漫、游戏、插画等领域。

5.4.3　设置图片的比例和数量

除了可以设置画面类型，在文心一格中还可以设置图像的比例（"竖图""方图""横图"）和数量（最多9张）。

进入"AI创作"界面，输入关键词后，设置"比例"为"竖图"，"数量"为2，如图5-37所示。

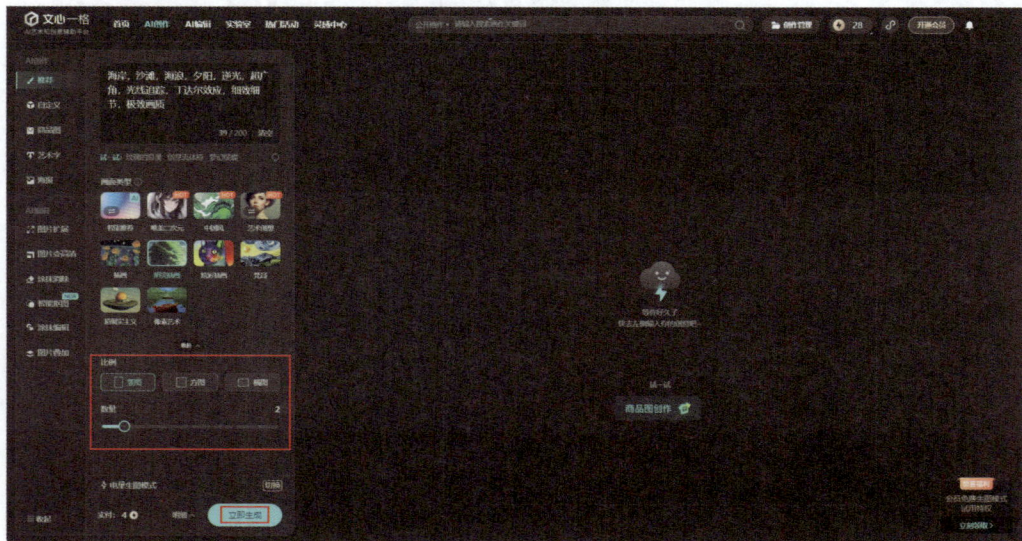

图 5-37

单击"立即生成"按钮，即可生成两幅AI绘画作品，效果如图 5-38、图 5-39所示。

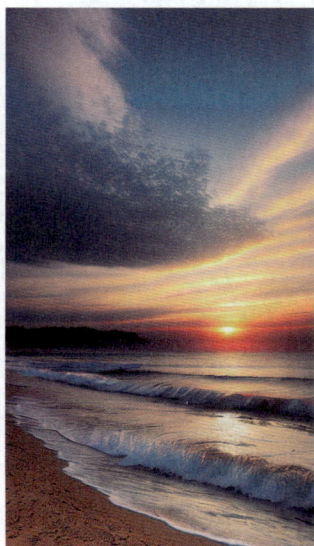

图 5-38　　　　　　　　　　图 5-39

5.4.4 使用"自定义"AI绘画模式

使用文心一格的"自定义"AI绘画模式，用户可以设置更多的关键词，让生成的图片效果更加符合自己的需求。

进入"AI创作"界面，打开"自定义"选项卡，输入关键词，并设置"选泽AI画师"为"具象"，"尺寸"为1:1、1024×1024，如图5-40所示。

继续设置"画面风格"为"水彩画"，"修饰词"为"丁达尔效应""明亮"，如图5-41所示。

图 5-40　　　　　　　图 5-41

单击"立即生成"按钮，即可生成自定义的AI绘画作品，效果如图5-42所示。

图 5-42

5.4.5 使用"上传参考图"功能以图生图

使用文心一格的"上传参考图"功能可以上传任意一张图片，用文字描述想修改的地方后，实现以图生图。

在"AI创作"界面的"自定义"选项卡中输入关键词后，单击"上传参考图"下方的"上传"按钮，如图 5-43 所示。

在弹出的"打开"对话框中选择目标参考图，如图 5-44 所示，单击"打开"按钮，即可上传参考图。

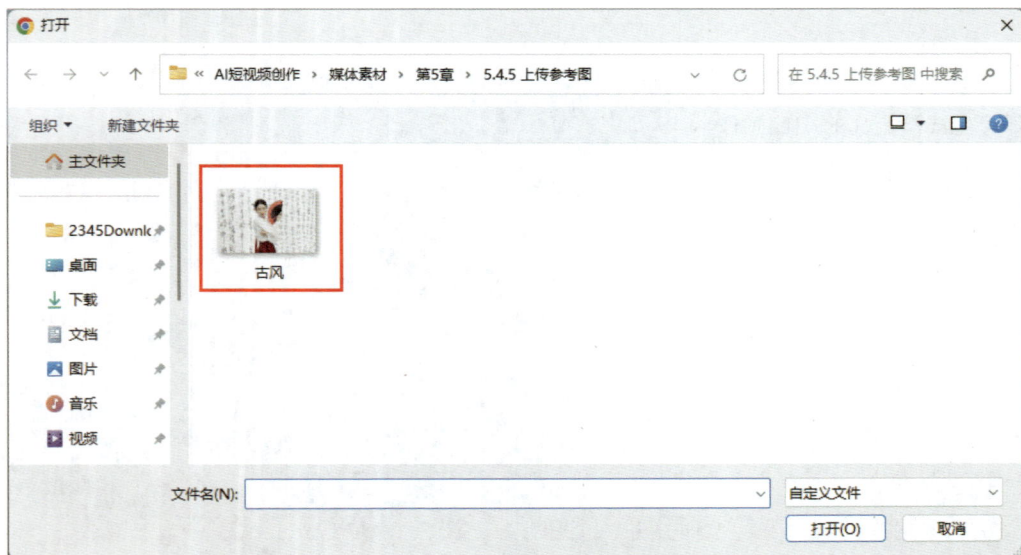

图 5-43

图 5-44

上传完成后，设置"影响比重"为6、"数量"为1，如图 5-45所示，设置影响比重可以调整参考图对所生成作品的影响程度。

单击"立即生成"按钮，即可根据参考图生成自定义的AI绘画作品，效果如图5-46所示。

图 5-45

图 5-46

5.4.6　使用"图片叠加"功能混合生图

使用文心一格的"图片叠加"功能可以将两张素材图片叠加在一起，生成一张新的图片，新的图片会同时具备两张素材图片的特征。

在"AI创作"界面中打开"图片叠加"选项卡，单击"选择图片"按钮，如图 5-47所示。

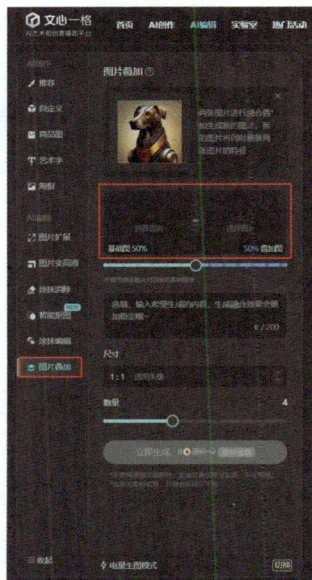

图 5-47

在弹出的对话框中单击"上传本地照片"按钮，单击"选择文件"按钮，在弹出的"打开"对话框中选择需要上传的基础图与叠加图，以叠加图为例，如图5-48所示。

图 5-48

上传图片素材后，单击"确定"按钮，如图 5-49 所示。

适当调整各项参数，并输入关键词，调整完成后，单击"立即生成"按钮，如图 5-50 所示。

图 5-49

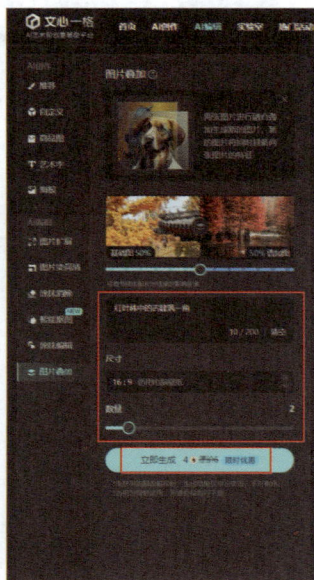

图 5-50

使用"图片叠加"功能生成的图片效果如图 5-51 和图 5-52 所示。

图 5-51

图 5-52

第6章

视频制作：
巧用AI功能快速出片

剪映作为抖音官方推出的一款剪辑软件，具有强大的视频编辑处理功能，其操作简单、功能全面，深受众多用户喜欢。

此外，剪映也紧跟时代脚步，推出了许多AI相关的功能，帮助用户快速成片。本章将介绍剪映的使用方法。

6.1 剪映App和剪映专业版快速入门

剪映App是指在手机上使用的App，而剪映专业版则是在计算机上使用的软件。下面介绍剪映App和剪映专业版，包括软件下载和安装的方法。

6.1.1 下载并安装剪映

剪映是抖音官方于2019年5月推出的一款视频剪辑软件，其Logo如图 6-1所示。剪映具有全面的剪辑功能和丰富的曲库资源，并拥有多种滤镜、特效、贴纸效果。

剪映App和剪映专业版的下载与安装方式不同，下面讲解具体的操作方法。

1. 剪映App（Android系统）

01 打开手机桌面，点击"应用市场"，在顶部搜索栏中输入"剪映"，如图 6-2所示。

02 找到剪映App后，点击"安装"按钮，如图 6-3所示。安装后，即可在手机桌面看到剪映App图标，如图 6-4所示。

图 6-1

图 6-2

图 6-3

▶️ **提示**

手机应用的安装方法大同小异，不同品牌的
Android系统手机的安装过程可能略有差异，上述
安装方式仅供参考，请以实际操作为准。

图 6-4

2.剪映App（iOS）

01 打开手机桌面，点击"App Store"（应用商店），如图 6-5所示。进入"App Store"
后，切换至"搜索"界面，如图 6-6所示，在搜索栏中输入"剪映"，如图 6-7所示。

图 6-5　　　　　　　　　　图 6-6　　　　　　　　　　图 6-7

02 搜索到应用后，可直接点击应用旁的"获取"按钮进行下载，如图 6-8所示；也可以进入应
用详情页，在其中点击"获取"按钮进行下载，如图 6-9所示。完成安装后可在桌面找到该应
用，如图 6-10所示。

图 6-8

图 6-9

图 6-10

3. 剪映专业版

在使用剪映专业版进行视频后期操作之前，需要对此软件有大致的了解。下面来认识剪映专业版，并详细介绍该软件的下载及安装方法和工作界面。

剪映专业版是抖音继剪映App之后推出的一款在计算机端使用的视频剪辑软件。相较于剪映App，剪映专业版的界面更清晰，布局更适合计算机端用户，也更适用于专业剪辑场景，能够帮助用户制作出更专业、更高阶的视频效果。图 6-11 所示为剪映官方推出的剪映专业版宣传展示界面。

图 6-11

▶ 提示

剪映专业版现有macOS版本与Windows版本，以下统称"剪映专业版"。

剪映专业版的下载和安装非常简单，下面以Windows版本为例讲解具体的下载及安装方法。

01 在计算机浏览器中打开搜索引擎，在搜索框中输入关键词"剪映专业版"并查找相关内容，如图 6-12所示。

图 6-12

02 进入官方网站后，在首页单击"立即下载"按钮，如图 6-13所示。

图 6-13

03 在弹出的"另存为"对话框中，用户可以自定义安装程序的下载位置，如图 6-14所示，之后单击"保存"按钮进行下载即可。

图 6-14

04 在下载位置找到安装程序软件，双击，即可开始安装剪映专业版，如图 6-15所示。用户可以更改安装位置，安装完成即可开始使用剪映专业版。

▶ 提示

若剪映版本不同，实际操作可能会存在差异，建议大家对照自身所使用的版本进行变通。

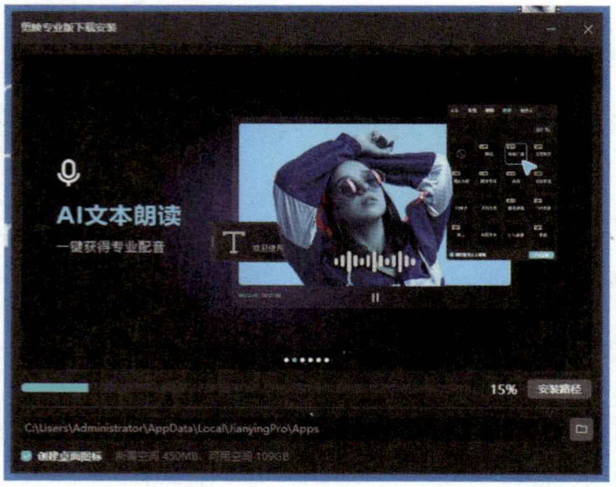

图 6-15

6.1.2 认识剪映工作界面

1. 剪映App

剪映App的工作界面简洁明了，各工具按钮下方均附有相关文字，用户可以对照文字轻松地管理和制作视频。下面把剪映App的工作界面分为主界面和编辑界面两部分进行介绍。

主界面

打开剪映App，首先映入眼帘的是剪映App的主界面，如图 6-16所示。

点击底部导航栏中的"剪辑" 按钮、"剪同款" 按钮、"草稿" 按钮、"我的" 按钮，即可切换至对应的功能界面，各功能界面的说明如下。

- **剪辑：**包含创作工具、创作辅助工具及草稿箱。

- **剪同款：**包含各种各样的模板，用户可以根据菜单选择模板进行套用，也可以通过搜索框搜索自己想要的模板进行套用。

图 6-16

- **草稿：** 包含用户上传至云端的剪辑、脚本、
  图文等，也可以在此查看用户加入的云空间
  小组。
- **我的：** 展示个人资料情况及收藏的模板。

编辑界面

在主界面点击"开始创作"按钮，进入素材添
加界面，在选择相应素材并点击"添加"按钮后，
即可进入编辑界面，如图 6-17所示。该界面由3部
分组成，分别为预览区、时间轴和工具栏。

预览区

时间轴

工具栏

图 6-17

- **预览区：** 预览区的作用在于实时查看视频画面，它始终显示当前时间线所在的那一帧的
  画面。可以说，视频剪辑过程中的任何一个操作，都需要在预览区确认其效果。当对完
  整视频进行预览后，发现没有必要继续修改时，一个视频的后期剪辑就完成了。

  图 6-17中，预览区左下角显示的00:00/00:03表示当前时间线所在的时间刻度为
  00:00，而00:03则表示视频总时长为3秒。

  点击预览区底部的"播放"按钮▷，即可从当前时间线所处位置开始播放视频；点击
  "撤销"按钮▣，即可撤销上一步操作；点击"恢复"按钮⟳，即可恢复撤销的操作；
  点击"全屏"按钮▣，即可全屏预览视频。
- **时间轴：** 在使用剪映进行视频后期剪辑时，绝大部分的操作是在时间轴中完成的，该区
  域中包含三大元素，分别是轨道、时间线和时间刻度。当需要对素材长度进行裁剪或者
  添加某种效果时，就需要同时运用这三大元素来精准控制裁剪和添加效果的范围。
- **工具栏：** 编辑界面的底部为工具栏，剪映中几乎所有的功能都能在工具栏中找到相关选
  项，在不选中任何轨道的情况下，显示的为一级工具栏；点击相应按钮，即可进入二级
  工具栏。需要注意的是，当选中某一轨道后，剪映的工具栏会随之发生变化——变成与
  所选轨道相匹配的工具栏。

进入剪映App的编辑界面后，可以看到底部的工具栏中提供了全面且多样化的功能，如图

6-18所示。

图 6-18

主要功能的介绍如下。

- **剪辑**：包含分割、变速、动画等多种编辑工具，拥有强大且全面的功能，是视频编辑工作中经常要用到的功能。
- **音频**：主要用来处理音频素材，可打开剪映内置专属曲库，为用户提供不同类型的音乐及音效。
- **文本**：用于为视频添加描述文字，内含多种文字样式、字体及模板等，不仅支持识别素材中的字幕或者歌词，还能进行AI配音，朗读文字内容，生成音频素材。
- **贴纸**：内含大量不同样式的贴纸，将之添加至视频中可有效提升美感，增强趣味性。
- **画中画**：相当于素材轨道，常在制作多重效果时使用。
- **特效**：内含多种不同类型的特效模板，只需点击特效模板，即可将相应的特效应用于素材片段。
- **字幕**：用于识别素材中的语音部分，自动添加字幕（包括双语字幕）。也可以对素材进行智能划重点和标记无效片段操作，提升用户的剪辑效率。
- **模板**：包含创作者上传的各种模板，用户可以根据自身需求选择合适的模板，快速创作短视频。
- **滤镜**：包含不同类型的滤镜效果。针对不同的场景使用相应的滤镜，更能烘托短视频氛围，提升短视频质感。
- **比例**：包含当下常见的视频比例，用户可以根据自身创作需求选择合适的比例。
- **数字人**：用于在画面中添加逼真的数字人，模拟真人出镜效果。
- **背景**：用于设置画布（背景）的颜色、样式及模糊程度等。
- **调节**：用于调节画面的各项基本参数，有助于优化画面细节。

2. 剪映专业版

剪映App与剪映专业版的最大区别在于二者运行的设备不同，因此界面布局上存在不同，但主要功能是一致的。相较于剪映App，剪映专业版基于计算机屏幕的优越性，可以为用户呈现更加直观、全面的画面编辑效果。图 6-19和图 6-20所示分别为剪映App与剪映专业版的工作界面展示效果。

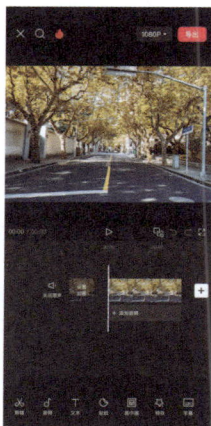

图 6-19　　　　　　　　　　　　　　　　图 6-20

在计算机桌面上双击"剪映"图标，单击"开始创作"按钮，即可进入剪映专业版的工作界面。剪映专业版的整体操作逻辑与剪映App几乎一致，但由于计算机的显示器屏幕较之手机屏幕更大，故剪映专业版的工作界面和剪映App的工作界面存在一定区别。只要了解各个功能、选项的位置，在学会了剪映App的操作方法后，就能够较快上手使用剪映专业版进行剪辑。

剪映专业版的工作界面如图 6-21所示，主要包含六大区域，分别为工具栏、素材区、预览区、素材调整区、常用功能区和时间轴。其中占据空间最大的是时间轴，该区域也是剪映专业版中视频剪辑的主要区域。

图 6-21

剪映专业版各区域的功能介绍如下。

- **工具栏**：工具栏包含"媒体""音频""文本""贴纸""特效""转场""滤镜""调节""素材包"9个按钮。在剪映专业版中单击"媒体"按钮▣后，可以从"本地"或者"素材库"中选择素材并将其导入素材区。

- **素材区**：单击工具栏中的"贴纸""特效""转场"等按钮，其可用素材、效果均会在素材区显示出来。

- **预览区**：在后期剪辑过程中，可随时在预览区查看效果，单击预览区右下角的"全屏"按钮🔳，可以进行全屏预览；单击右下角的"比例"按钮▦，可以调整画面比例。

- **素材调整区**：选中时间轴的某一轨道后，素材调整区会出现该轨道的效果设置参数。选中视频轨道、音频轨道、文字轨道时，素材调整区会根据选中轨道类型的不同出现不同变化，如图 6-22 所示。

图 6-22

- **常用功能区**：在常用功能区，可以快速对视频进行分割、删除、定格、倒放、镜像、旋转和裁剪7种操作。当用户操作出现失误时，单击"撤销"按钮↺，即可将相应操作撤销；单击"选择"按钮▷，即可将鼠标的作用设置为"选择"或分割。选择"分割"选项后，在视频轨道上单击，即可在单击位置分割视频。

- **时间轴**：时间轴中包含三大元素，分别为轨道、时间线、时间刻度。由于剪映专业版的界面较大，因此不同的轨道可以同时显示在时间轴中，如图 6-23 所示。

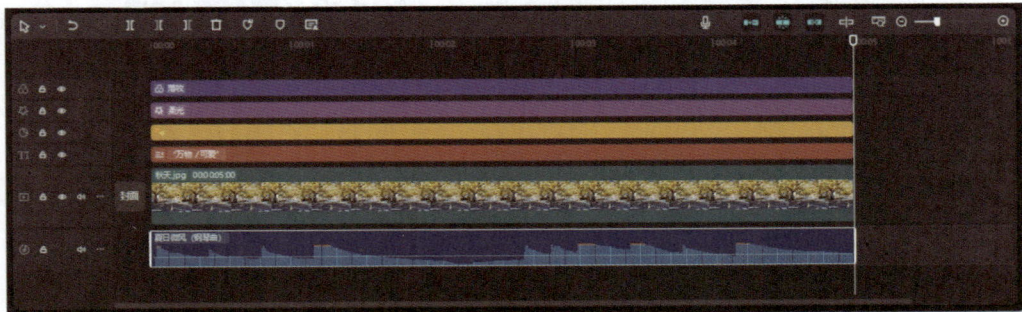

图 6-23

▶提示

在使用剪映App时，由于图片和视频都需要从手机相册中选取，因此手机相册就相当于剪映的素材区。但在剪映专业版中，因为计算机中没有一个固定的用于存储所有图片、视频的文件夹，所以为了方便操作，剪映专业版设计了单独的素材区。使用剪映专业版进行后期处理的第一步，就是将准备好的一系列素材全部添加至素材区中。在后期处理过程中，需要使用哪个素材，将哪个素材从素材区中拖至时间轴区域中即可。

6.1.3　剪映App剪辑实战

在本小节中，我们将结合前面所学内容，使用剪映App进行剪辑实战，制作一个氛围短片，接下来介绍详细的操作过程。

01 打开剪映App，导入名为"黄昏"的视频素材，如图 6-24所示。

02 点击底部工具栏中的"文本"按钮T，进入二级工具栏，点击"新建文本"按钮A+，如图 6-25所示。新建文本后，输入"白露|秋意渐浓"作为字幕内容，调整字幕字体并在预览区中调整字幕位置，如图 6-26所示。

图 6-24

图 6-25

图 6-26

03 选中刚刚添加的字幕素材，如图 6-27所示。调整字幕素材时长，使其与视频素材时长保持一致，如图6-28所示。

04 返回底部工具栏，移动时间线至素材开始处，点击底部工具栏中的"滤镜"按钮，如图 6-29 所示，展开滤镜选项栏。在滤镜选项栏中选择"风景"分类，并选择名为"绿妍"的滤镜效果，调整其强度为 75，如图 6-30 所示。

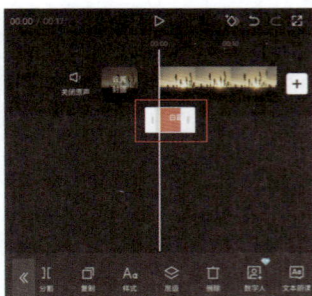

图 6-27

图 6-28

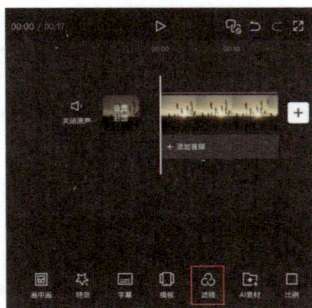

图 6-29

图 6-30

05 返回底部工具栏，点击"特效"按钮，进入二级工具栏，点击"画面特效"按钮，如图 6-31 所示，展开画面特效选项栏。在搜索框中输入"柔光"，选择合适的画面特效，调整其强度为 40，如图 6-32 所示，并调整画面特效时长，使其与视频素材时长保持一致。

图 6-31

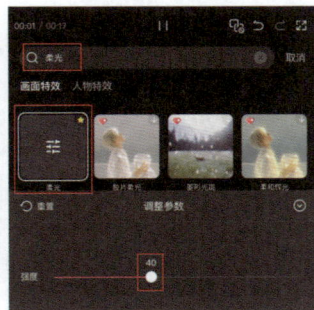

图 6-32

06 返回底部工具栏，点击"音频"按钮，进入二级选项栏，点击"音乐"按钮，如图 6-33 所示。进入剪映音乐库，在纯音乐分类下选择合适的背景音乐，如图 6-34 所示。

图 6-33

图 6-34

07 选中刚刚添加的背景音
乐，移动时间线至视频素材
结束处，点击"分割"按钮
Ⅱ，如图 6-35所示。删除多
余的音频片段，使音频素材
时长与视频素材时长保持一
致，如图 6-36所示。

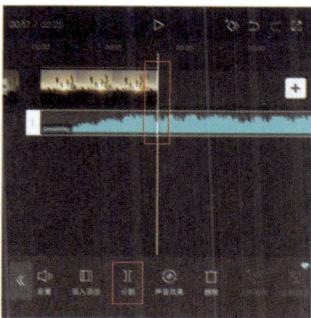

图 6-35

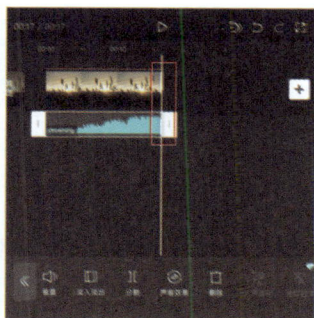

图 6-36

08 预览画面效果，如图 6-37
所示。

图 6-37

6.1.4 剪映专业版剪辑实战

在本小节中，我们将结合前面所学内容，使用剪映专业版进行剪辑实战，制作一个氛围短片，接下来介绍详细的操作过程。

01 启动剪映专业版，新建草
稿后，导入名为"芦苇"的
视频素材至剪映专业版中，
如图 6-38所示。

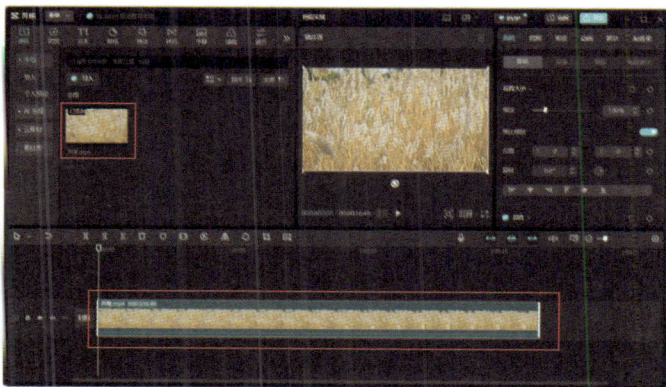

图 6-38

02 单击工具栏中的"文本"
按钮**TT**，切换至"文本"模
块，添加一段字幕素材至时
间轴。选中字幕素材，调整
字幕内容、字体、字号和样
式，如图 6-39 所示。

图 6-39

03 选中时间轴内的字幕素材，在预览区右侧的素材调整区中单击"动画"，切换至"动画"选
项栏，为字幕素材添加"溶解"入场动画效果，如图 6-40 所示。

04 参考上一步骤，为字幕素材添加"溶解"出场动画效果，如图 6-41 所示。

图 6-40

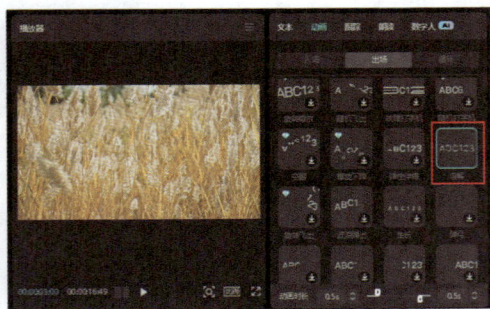

图 6-41

05 选中时间轴中的视频素材，在素材调整区
中切换至"调节"选项栏，适当调整各项调
节参数，让画面表现效果更好，如图 6-42
所示。

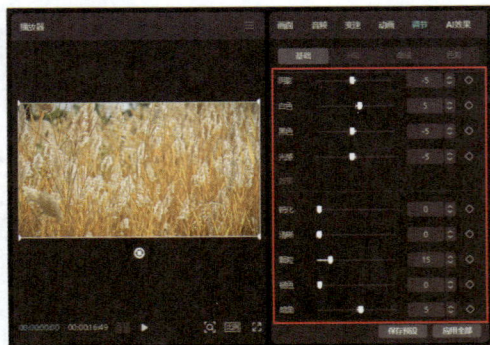

图 6-42

06 单击工具栏中的"音频"按钮，切换至"音频"模块，在剪映音乐素材库中的纯音乐分类下找到合适的背景音乐，将其添加至时间轴，如图 6-43所示。

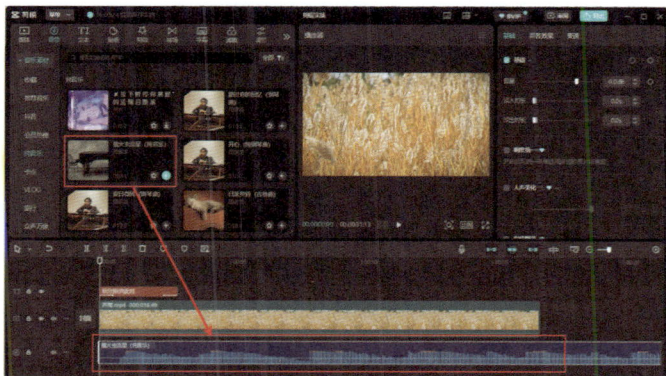

图 6-43

07 移动时间线至00:00:00:42处，选中时间轴内的音频素材，单击常用功能区中的"向左裁剪"按钮，裁掉音频素材前面的空白片段，如图 6-44所示。调整音频素材位置，使其开始处与视频素材对齐。

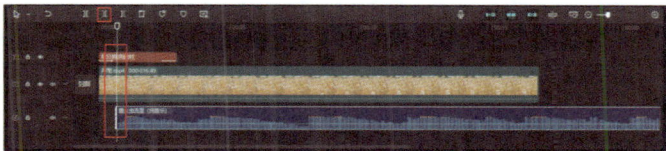

图 6-44

08 移动时间线至视频素材结束处，选中音频素材，单击常用功能区中的"向右裁剪"按钮，裁掉多余片段，如图 6-45所示。

图 6-45

09 预览视频画面效果，如图 6-46所示。

▶ 提示

剪映App与剪映专业版的操作大部分相同，用户学会其中一个的操作后就能快速上手另外一个。

图 6-46

6.2 剪映App的AI成片功能

剪映App中有许多实用、简单的功能，可以帮助用户快速得到想要的视频效果。本节主要介绍使用剪映App中的AI成片功能制作视频的操作方法。

6.2.1 使用"剪同款"制作视频

剪映App提供了多种模板供用户选择，在使用的时候只需要替换其中的素材即可快速成片，接下来介绍详细的操作方法。

01 打开剪映App，单击"我的"按钮 ◙，在"喜欢"选项卡中选择合适的模板，如图 6-47所示。

02 点击选择的模板，进入模板详情页，点击右下角的"剪同款"按钮，如图 6-48所示。

03 导入图片素材，即可实现素材的替换，如图 6-49所示。

04 预览视频画面效果，如图 6-50所示。

图 6-47

图 6-48

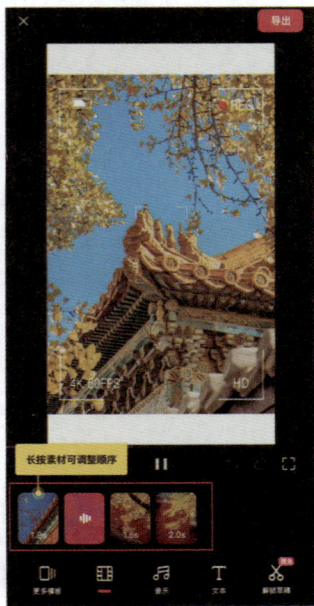

图 6-49

图 6-50

▶提示

用户使用"剪同款"功能制作视频时，仅能调整模板的素材、背景音乐和字幕内容，如果想要调整更多参数，则需要付费解锁草稿。

6.2.2 使用"一键成片"制作视频

剪映中的"一键成片"功能非常好用，能够自动识别用户导入的素材，匹配合适的模板制作视频。

01 打开剪映App，点击主界面中的"一键成片"按钮 ⊡，如图 6-51所示。

02 导入素材后剪映将识别素材并进行匹配，匹配完成后如图 6-52所示。如果用户对自动匹配的模板不满意，可以在底部选项栏中选择其他符合自己审美的模板。

03 预览视频画面效果，如图 6-53所示。

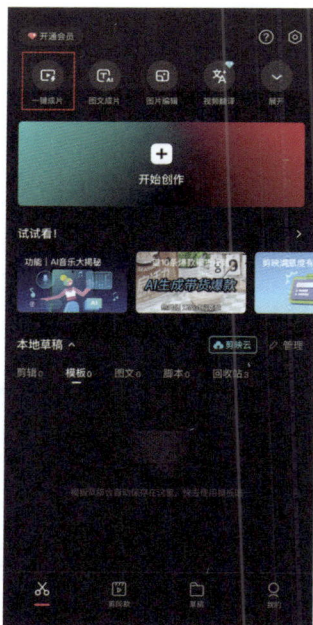

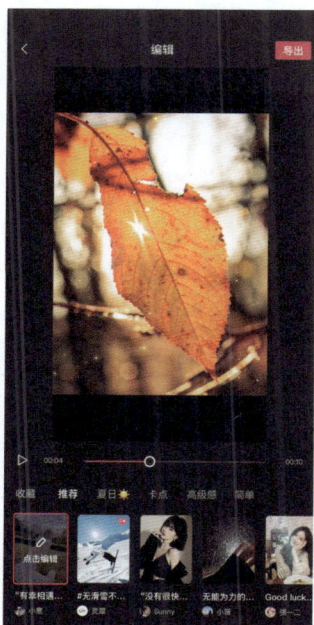

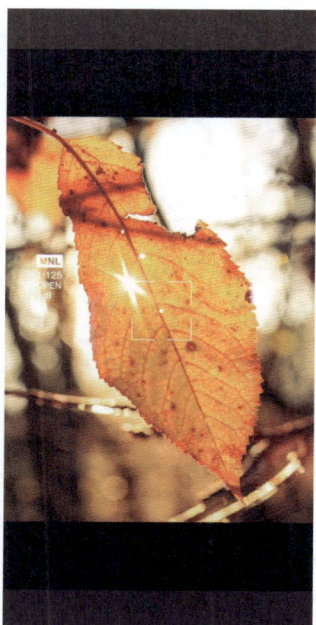

图 6-51　　　　　　　　　图 6-52　　　　　　　　　图 6-53

6.2.3 使用"图文成片"制作视频

使用剪映中的"图文成片"功能，能够根据用户输入的关键词或导入的图片抓取互联网上的素材，自动制作视频。

01 打开剪映App，在主界面中点击"图文成片"按钮 ⊡，如图 6-54所示。

02 进入"图文成片"界面，剪映为用户提供了多种预设，也支持自定义输入文案，如图 6-55 所示。

图 6-54　　　　　　　　　　　　图 6-55

03 选择"旅行感悟"选项，即可进入文案编辑界面，输入旅行地点、话题并选择视频时长后，点击"生成文案"按钮，如图 6-56 所示。

04 剪映会同时生成 3 份文案供用户选择，用户也可以在生成文案后对文案内容进行修改。选择合适的文案内容后，点击"生成视频"按钮，如图 6-57 所示。

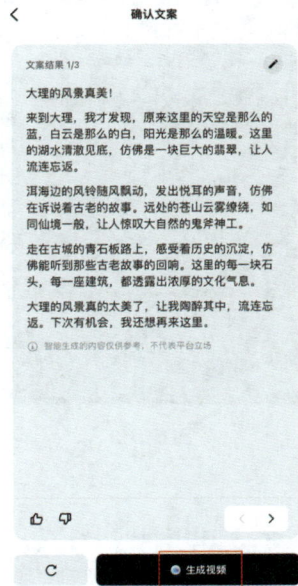

图 6-56　　　　　　　　　　　　图 6-57

05 在弹出的菜单中，用户可以根据自身需求选择成片方式，如图6-58所示。

06 生成视频后，会自动跳转至编辑界面，如图 6-59所示。

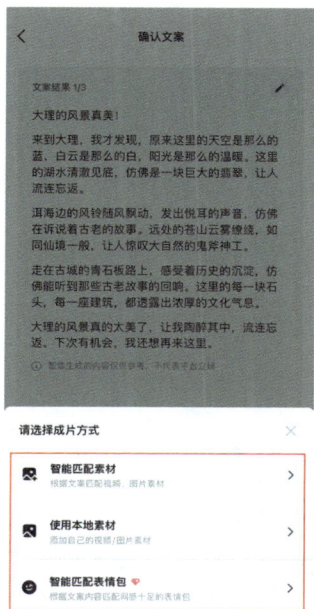

图 6-58

图 6-59

6.2.4 使用"视频翻译"制作外语字幕视频

有时候制作视频需要添加多种语言的字幕，但用户自行翻译再添加字幕会耗费较多时间，而使用剪映的"视频翻译"功能则能快速进行翻译，节省视频创作时间。

01 打开剪映App，在主界面中点击"视频翻译"按钮，如图 6-60所示。

02 选择需要翻译的视频素材，点击"确认"按钮后即可进入"视频翻译"界面，如图 6-61所示。

图 6-60

图 6-61

▶提示

"视频翻译"功能需要用户开通会员才能使用。

6.2.5 使用"营销成片"批量制作推广视频

　　营销时经常需要批量制作推广视频，这类视频操作简单，但重复性工作较多，如果使用剪映中的"营销成片"功能，就能快速批量制作各种推广视频。

01 打开剪映App，在主界面中展开创作工具，点击"营销成片"按钮 🖼️，如图 6-62 所示。

02 进入"营销推广视频"界面，如图 6-63所示，用户可以上传素材，使用剪映的"AI 写文案"功能生成符合要求的文案。

图 6-62

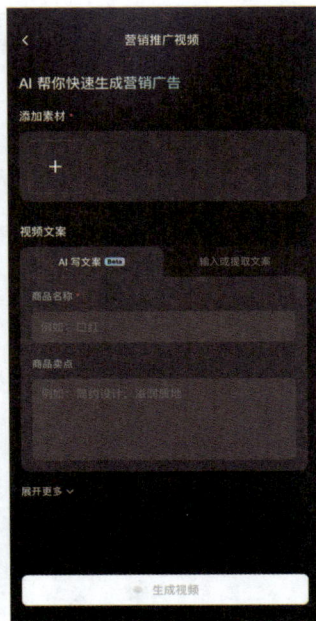

图 6-63

6.3 剪映专业版的AI成片功能

　　如今，越来越多的剪辑软件和平台提供丰富且强大的AI剪辑功能，让素材处理变得更方便、更高效。本节主要介绍剪映专业版的AI成片功能。

6.3.1 使用模板制作视频

　　剪映专业版中也提供了许多模板供用户选择。因为使用设备的不同，剪映专业版比剪映App的预览效果更加直观、便捷。

01 启动剪映专业版，单击左侧的"模板"，如图 6-64所示，切换至模板界面。剪映对模板进行了分类，便于用户寻找合适的模板，如图 6-65所示。

02 移动鼠标指针至模板上，即可预览模板效果，并查看详细信息，如图 6-66所示。单击"使用模板"按钮，即可使用相应模板。

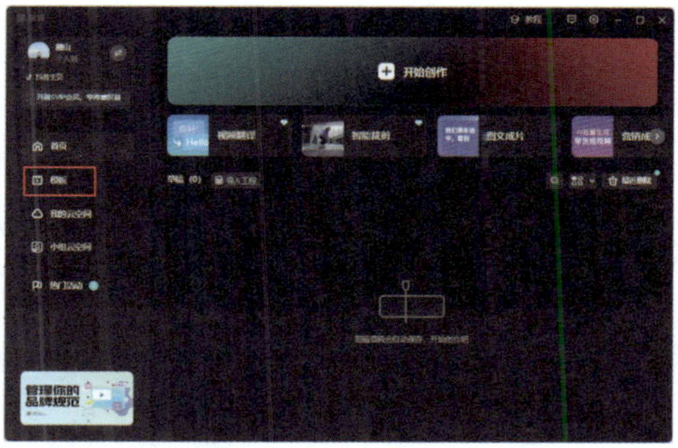

图 6-64

图 6-65

图 6-66

03 剪映会自动打开编辑界面，用户导入素材至编辑界面中，拖曳素材至替换框上即可替换素材，如图 6-67所示。

04 预览视频画面效果，如图 6-68所示。

图 6-67

图 6-68

6.3.2　导入外部模板

　　剪映专业版支持导入Premiere Pro和Final Cut的工程文件进行剪辑操作，也支持导入剪映的草稿文件进行编辑。

01 启动剪映专业版，单击右上角的"设置"按钮 ⚙，展开设置菜单，如图 6-69所示。

02 选择"全局设置"选项，打开"全局设置"菜单，开启"导入工程"功能，如图 6-70所示，单击"确定"按钮。

图 6-69

图 6-70

03 此时剪映专业版的首页中会显示"导入工程"按钮，如图 6-71所示，单击该按钮，即可选择已下载的工程文件导入剪映。

图 6-71

6.3.3　使用"图文成片"制作视频

　　在剪映专业版中，用户也可以使用"图文成片"功能制作视频。

01 启动剪映专业版，在首页中单击"图文成片"按钮，如图 6-72所示。

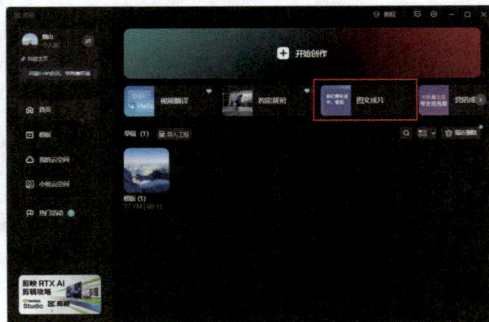

图 6-72

02 此时将弹出"图文成片"对话框，如图 6-73所示，用户可以在其中选择想要制作的视频类型，输入主题、事件描述，并选择视频时长后即可生成文案，右侧会提示生成进度。

03 生成文案后用户可以试听并选择合适的字幕朗读音色，如图 6-74所示。

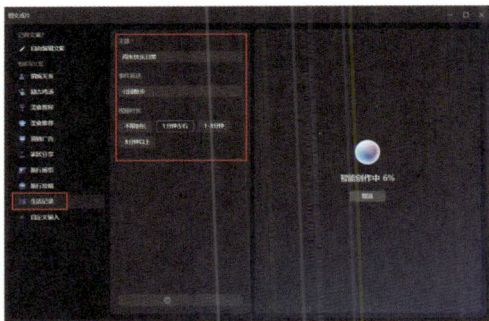

图 6-73

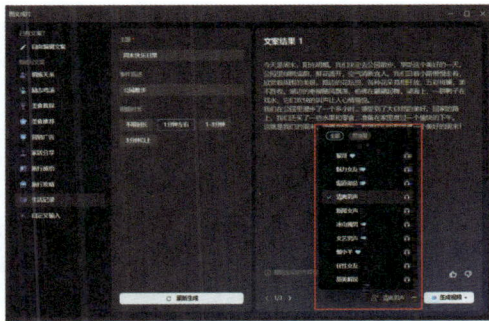

图 6-74

04 单击右下角的"生成视频"按钮，即可选择成片方式，如图 6-75所示。

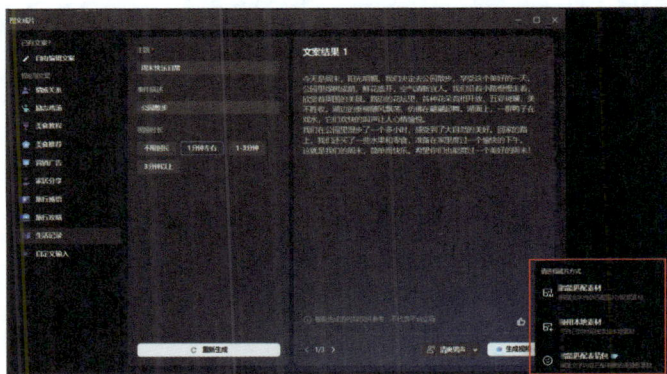

图 6-75

05 此时剪映专业版会自动打开编辑界面，如果用户使用的是智能匹配素材模式，那么剪映专业版会自动添加字幕、背景音乐和视频素材，如图 6-76所示。

图 6-76

6.3.4 使用"视频翻译"制作视频

在剪映专业版中也能使用"视频翻译"生成外语视频，并且能够在保留原音色的情况下生成新的外语语音。

01 启动剪映专业版，在首页中单击"视频翻译"，如图 6-77 所示。

02 在打开的"视频翻译"对话框中，用户可以上传视频素材进行翻译和设置翻译语言，如图 6-78 所示。

图 6-77

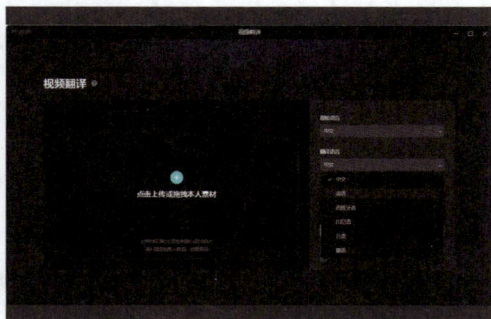

图 6-78

第7章

Chapter 7

AI剪辑：
视频素材高效处理

除了快速生成视频，剪映还提供了丰富且强大的AI剪辑功能，极大地提升了用户的剪辑效率。本章主要介绍剪映专业版的AI剪辑功能。

7.1 智能转换视频尺寸

剪辑时，需要使用不同的视频比例来适配不同用户群体的观看设备，以获得最好的视频效果。使用剪映推出的"智能裁剪"功能能够智能转换视频尺寸，提高用户的剪辑效率。

7.1.1 将横版视频转为竖版视频

剪映中的"智能裁剪"功能非常好用，用户只需要导入素材，选择裁剪比例后即可自动裁剪。

01 启动剪映专业版，单击"智能裁剪"，如图 7-1所示。打开"智能裁剪"对话框，如图 7-2所示。

图 7-1

图 7-2

02 选择合适的裁剪比例，如图 7-3所示，可在左侧预览裁剪效果。

03 预览视频画面效果，如图 7-4所示。

图 7-3

图 7-4

7.1.2 将竖版视频转为横版视频

竖版视频转为横版视频的操作与横版视频转为竖版视频的操作相似，都是将视频素材导入，然后进行调整。

01 启动剪映专业版，单击"智能裁剪"，在打开的"智能裁剪"对话框中导入素材，并选择合适的裁剪比例，如图 7-5 所示。

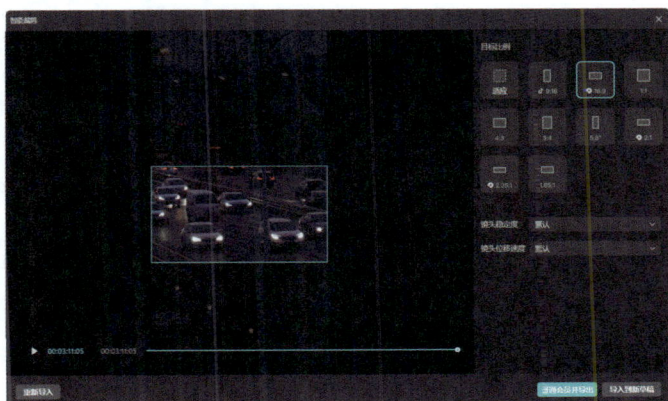

图 7-5

02 导出视频，预览视频画面效果，如图 7-6 所示。

图 7-6

7.2 使用AI处理视频素材

剪映专业版拥有全面的视频编辑功能，可以充分满足用户在短视频创作方面的需求。另外，剪映专业版还拥有许多AI功能可帮助用户进行短视频创作。

7.2.1 使用"超清画质"拯救废片

剪映中的"超清画质"功能可以提高画面的清晰度，让视频的观感更好。该功能的操作也非常简单。

01 启动剪映专业版，导入一段素材至时间轴，如图 7-7 所示。

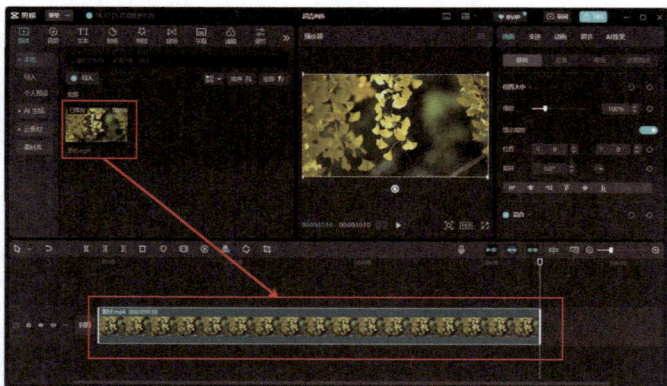

图 7-7

02 选中时间轴内的素材，在右侧的素材调整区勾选"超清画质"复选框，并选择合适的清晰度，如图 7-8所示，剪映会在预览区上方提示进度。

03 预览视频画面效果，前后对比如图 7-9和图 7-10所示。

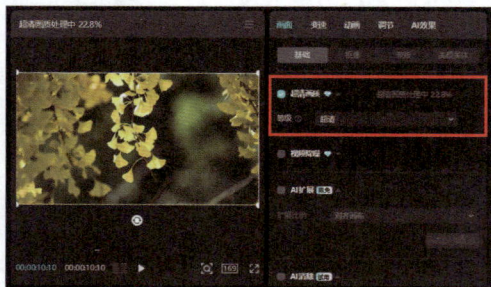

图 7-8

图 7-9

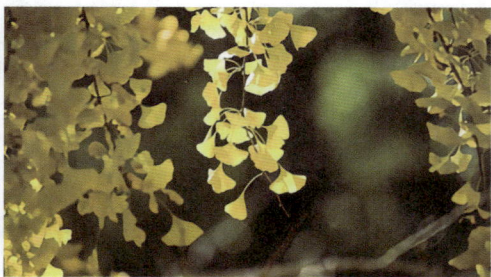

图 7-10

7.2.2 使用"智能调色"一键调色

调色是一个需要花费较多时间的过程，但使用剪映的"智能调色"功能能够一键调色，让画面色彩表现更好。

01 启动剪映专业版，导入素
材至时间轴，如图 7-11 所示。

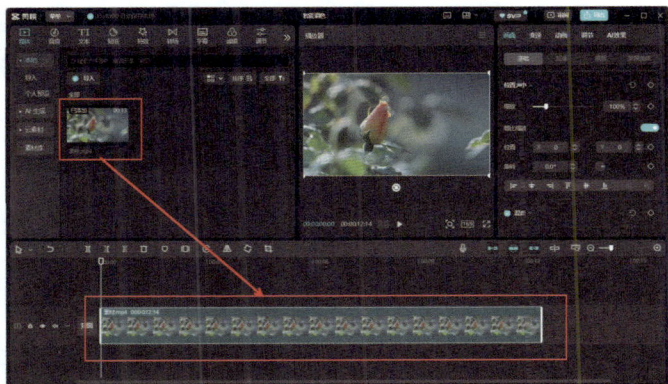

图 7-11

02 选中时间轴内的素材，在素材调整区中单
击"调节"，切换至"调节"选项栏，勾选
"智能调色"复选框，如图 7-12 所示，用户
可以调整"智能调色"的「强度」选项来改
变画面的色彩表现。

03 预览视频画面效果，前后对比如图 7-13 和
图 7-14 所示。

图 7-12

图 7-13

图 7-14

7.2.3　使用"智能抠图"制作绿幕素材

　　绿幕素材是视频剪辑时的常用素材之一，使用绿幕素材可以轻松制作各种特效。但拍摄绿
幕素材需要一定的条件，使用剪映专业版中的"智能抠图"功能能够轻松制作各种类型的绿幕
素材。

01 启动剪映专业版，导入素
材至时间轴，如图 7-15所示。

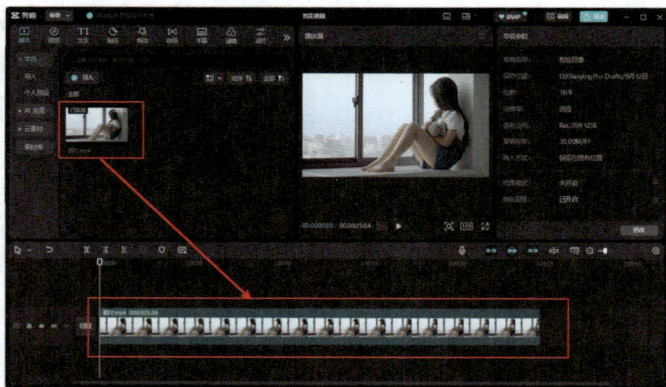

图 7-15

02 选中时间轴内的素材，在素材调整区中单击"抠像"，切换至"抠像"选项栏，勾选"智能
抠像"复选框，如图 7-16所示。

03 单击"基础"，切换至"基础"选项栏，勾选"背景填充"复选框，调整背景颜色为绿色，
如图 7-17所示。

图 7-16

图 7-17

04 预览视频画面效果，如图
7-18所示。

图 7-18

7.2.4 使用"智能打光"制作人工光影

剪映中的"智能打光"功能，能够模拟摄影中使用的打光灯进行补光，让画面表现更加完美。

01 启动剪映专业版，导入素材至时间轴，如图 7-19 所示。

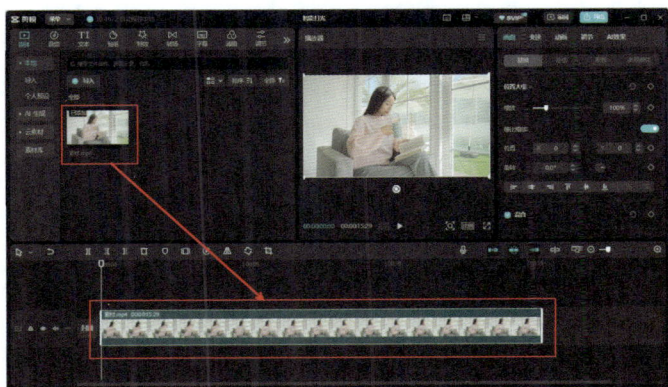

图 7-19

02 选中时间轴内的素材，在素材调整区中勾选"智能打光"复选框，然后选择光线效果，并在预览区调整光源位置，如图 7-20所示。

03 剪映为用户提供了多种光效预设，用户可以在"氛围彩光""创意光效"中自行选择，营造不同的氛围，如图 7-21所示。

图 7-20

图 7-21

04 以使用"氛围暖光"效果为列，预览视频画面效果，打光前后对比如图 7-22和图 7-23所示，可以明显看到使用"氛围暖光"效果后，画面色调偏暖，相较调整前的画面更能让人感到温暖。

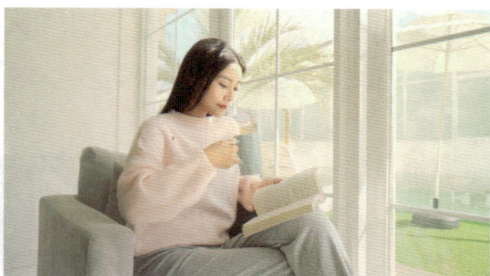

图 7-22　　　　　　　　　　　　　　　　图 7-23

▶ 提示

使用"智能打光"功能时，用户可以添加多个光源模拟组合打光时的光影。

7.3　其他智能剪辑功能

　　剪映中的智能剪辑功能并不止这些，随着技术的发展，能够使用的智能剪辑功能也越来越多，本节将介绍剪映中的其他智能剪辑功能。

7.3.1　使用"AI特效"

　　使用剪映中的"AI特效"功能能够识别画面并自动添加特效，制作独特的画面效果。

01 启动剪映专业版，导入素材至时间轴，如图 7-24 所示。

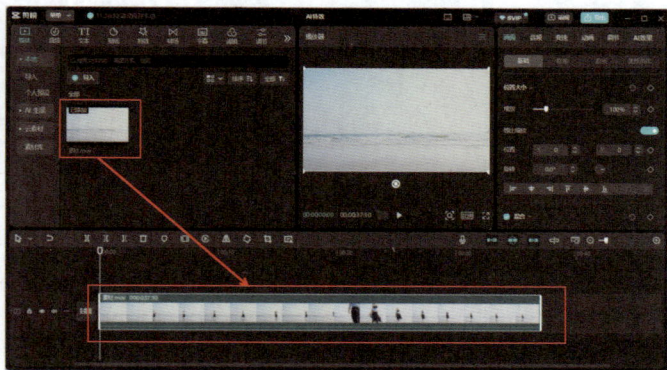

图 7-24

02 选中时间轴内的素材，移动时间线至00:00:09:55处，单击常用功能区中的"向右裁剪"按
钮，裁掉多余片段，如图 7-25所示。

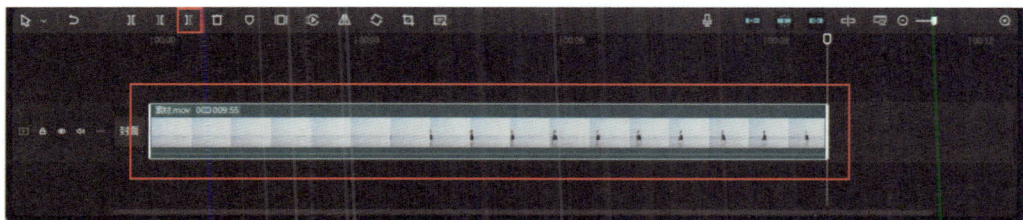

图 7-25

03 在素材调整区中单击"AI效果"，切换至
"AI效果"选项栏，勾选"AI特效"复选
框。用户可以选择合适的AI效果，输入关键
词控制生成的画面，如图 7-26所示。

▶ 提示

"AI特效"功能仅能在时长为10秒以下的素材上使
用，并且生成的AI效果是静止的，需要开通会员消
耗积分才能生成。

图 7-26

7.3.2 添加AI数字人

制作口播视频时，使用"数字人"功能能够添加非常逼真的AI数字人效果，还能添加对应
的字幕语音。

01 启动剪映专业版，导入素材至时间轴，如图 7-27所示。

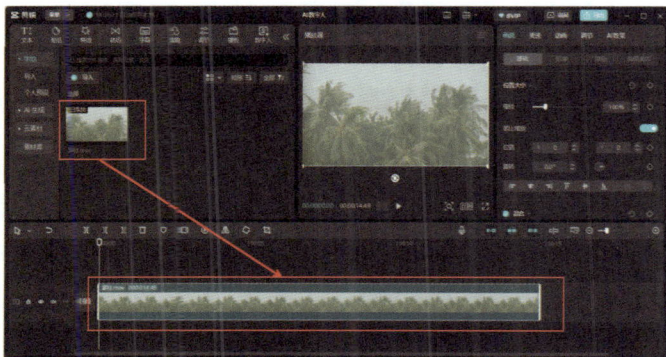

图 7-27

02 在工具栏中单击"数字人"，切换至"数字人"选项栏，如图 7-28 所示。

03 用户可以在"数字人"选项栏中选择数字人的形象、音色、景别和背景，如图 7-29 所示。

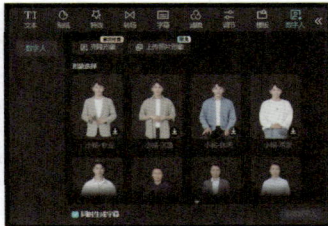

图 7-28　　　　　　　　　　　　　　　　　图 7-29

04 输入文案并选择形象，单击"添加数字人"按钮，即可添加数字人和相应的字幕，如图 7-30 所示。

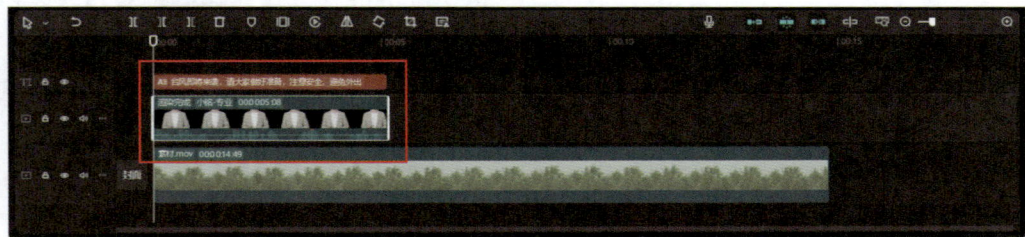

图 7-30

05 用户可以在预览区中调整数字人和字幕的位置，在素材调整区中也可以调整参数，如图 7-31 所示。

06 预览视频画面效果，如图 7-32 所示。

图 7-31　　　　　　　　　　　　　　　　　图 7-32

7.3.3 使用"镜头追踪"功能

使用剪映专业版中的"镜头追踪"功能可以智能跟随用户锁定的物体，模拟跟随镜头的拍摄效果。

01 启动剪映专业版，导入素材至时间轴，如图 7-33 所示。

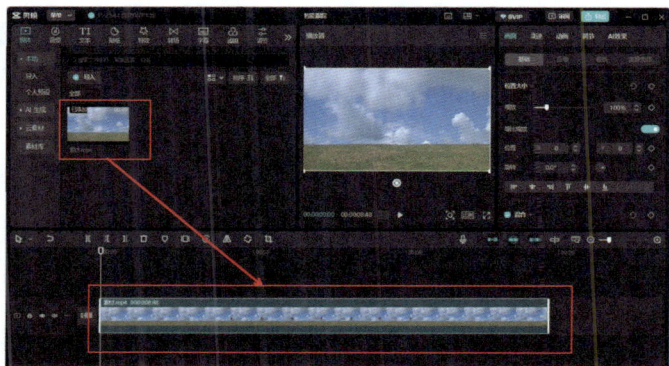

图 7-33

02 移动时间线至00:00:02:13处，在素材调整区中勾选"镜头追踪"复选框，用户可以选择跟踪位置，如图 7-34所示。

03 选定跟踪目标后，单击"开始"按钮，即可开始跟踪选定目标。单击"应用效果"按钮后，会将跟踪效果应用至素材上。还可以在素材调整区中调整参数，如图 7-35所示。

图 7-34

图 7-35

04 预览视频画面效果，如图 7-36所示。

图 7-36

7.3.4　使用"智能镜头分割"功能

面对时长较长的素材时，需要创作者花费较大的时间精力去分割素材，工作效率也较低。使用剪映中的"智能镜头分割"功能能够快速分割素材，提升工作效率。

01 启动剪映专业版，导入素材至时间轴，如图 7-37 所示。

图 7-37

02 选中时间轴内的素材，单击鼠标右键，在弹出的菜单中选择"智能镜头分割"命令，如图 7-38所示。

图 7-38

03 剪映会自动识别素材画面并进行分割，如图 7-39 所示。

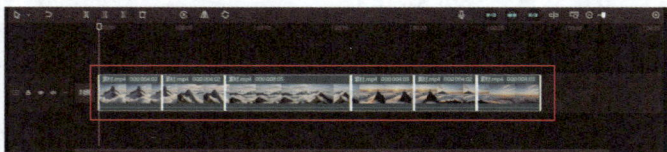

图 7-39

▶ 提示

使用"智能镜头分割"功能分割素材后，用户可以查看分割好的片段，根据视频脚本在分割好的视频中间插入其他视频片段（如空镜片段等），组成完整的视频。

7.3.5　使用"智能运镜"功能

在一些节奏感较强的视频中，使用合适的运镜能够让视频画面表现得更好，使用剪映中的"智能运镜"功能能够模拟运镜效果，为视频素材选择合适的运镜。

01 启动剪映专业版，导入素材至时间轴，如图 7-40所示。

02 选中时间轴内的素材，在素材调整区中勾选"智能运镜"复选框，如图 7-41所示，开启后用户可以选择合适的运镜效果，并调整其参数。

图 7-40　　　　　　　　　　　　　　　　　　　　　　　　图 7-41

03 使用"智能运镜"功能后，画面会更具动感。但只有画面没有背景音乐显得有些单调，可为其加上背景音乐。切换至剪映音乐库，在"动感"分类下找到合适的背景音乐，将其添加至时间轴，如图 7-42所示。

图 7-42

04 移动时间线至视频素材结尾处，选中时间轴内的音频素材，单击常用功能区中的"向右裁剪"按钮，裁掉多余片段，让音频素材时长与视频素材时长保持一致，如图 7-43所示。

图 7-43

05 预览视频效果，可以看到画面中的运镜从原来的平稳到契合音乐节奏，变得更加有动感，如图 7-44 和图 7-45 所示。

图 7-44

图 7-45

7.3.6 使用"AI补帧"功能

当对素材使用了变速功能导致素材帧率降低、画面不够流畅，或是追求更流畅的视频效果时，可以使用剪映中的"AI补帧"功能来提升素材帧率。

01 启动剪映专业版，导入一段素材至时间轴，如图 7-46 所示。

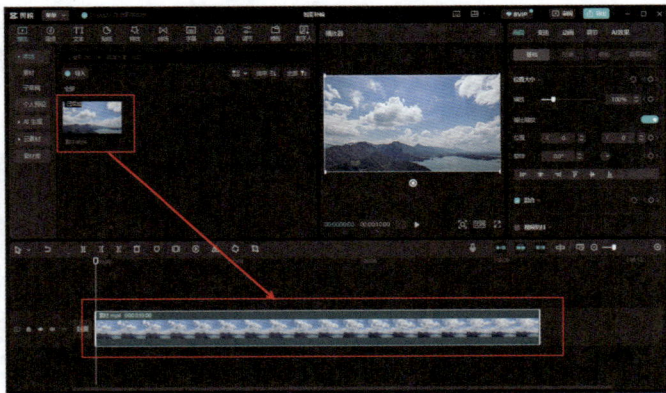

图 7-46

02 选中时间轴内的素材，在素材调整区中勾选"AI补帧"复选框，如图 7-47 所示。用户可以根据自身需求和设备性能选择合适的帧率，选择后剪映会提示补帧进度。

▶ 提示

一般的视频帧率是 30 帧/秒，最高一般不要超过 60 帧/秒，部分视频平台最高仅支持 60 帧/秒。

图 7-47

7.3.7 使用"智能剪口播"功能

一条好的口播视频中不应有不自然的停顿和重复等瑕疵，而录制口播视频素材时又很难保证录制的素材完美无瑕，这就需要通过剪辑去除素材中的不自然的停顿和重复。但自己剪辑的工作量较大，此时可使用剪映中的"智能剪口播"功能，快速剪去瑕疵部分。

01 启动剪映专业版，导入一段口播素材至时间轴，如图7-48所示。

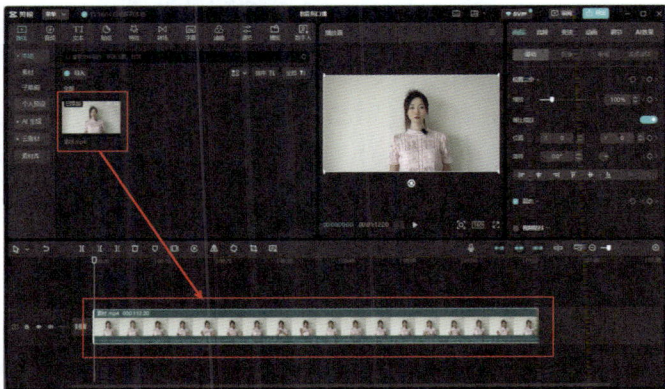

图 7-48

02 选中时间轴内的素材，单击常用功能区中的"智能剪口播"按钮，如图 7-49所示。剪映会弹出进度框，提示正在分析素材，如图 7-50所示。

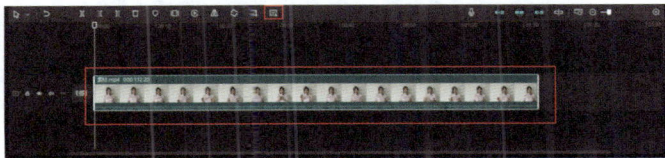

图 7-49

图 7-50

03 分析完成后会在剪辑界面左侧展开编辑框，剪映会在分析时删除重复部分，并加以标注，如图7-51所示。

图 7-51

04 在编辑框中选中文案部分，剪映会自动选中与文案相对应的素材部分，如图 7-52所示，此时可通过编辑文字来编辑视频。

图 7-52

05 如果要删除停顿部分，单击编辑框上方的"标记无效片段"按钮，即可自动标记无效片段，如图 7-53所示。

图 7-53

06 单击编辑框中的"删除"按钮，即可删除无效片段，如图 7-54所示。

图 7-54

第8章

Chapter 8

字幕音效：
智能识别、批量生产

剪映将AI与字幕、音效功能相结合，能够智能处理字幕、音效，提升工作效率。本章将以剪映专业版为例，向读者介绍针对字幕、音效的AI功能。

8.1 AI音频生成与美化

剪映专业版拥有全面的视频编辑功能，可以充分满足用户对短视频剪辑的各种需求。在音频编辑方面，剪映也将相关功能与AI相结合，让广大用户操作起来更加便利。

8.1.1 使用"文本朗读"将文字转语音

若要使用剪映专业版快速生成配音音频，用户可以使用"文本朗读"功能，一键将文本内容转化为音频，还可以选择不同风格的配音音色，制作独特的配音效果。

01 启动剪映专业版，在工具栏中单击"文本"按钮，切换至"文本"模块，添加一段字幕素材至时间轴，如图 8-1 所示。

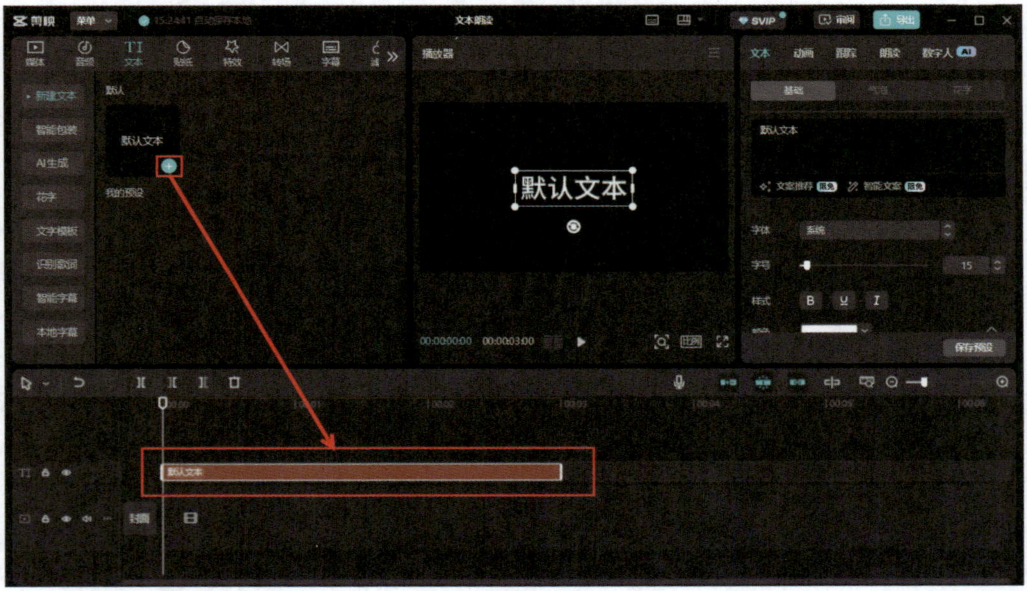

图 8-1

02 选中时间轴内的字幕素材，在预览区右侧的素材调整区中更改字幕素材的文本内容，如图 8-2 所示。

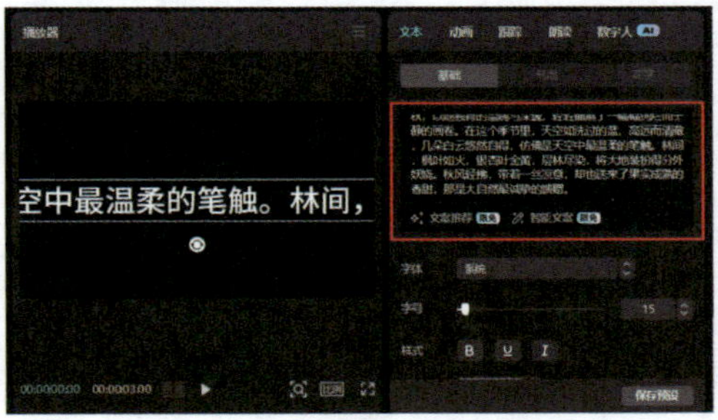

图 8-2

03 单击素材调整区的"朗读"，选择合适的音色后，单击"开始朗读"按钮，如图 8-3所示，将文字转为语音。

图 8-3

04 语音生成后，时间轴内将会出现一段与字幕内容匹配的音频素材，如图 8-4所示。

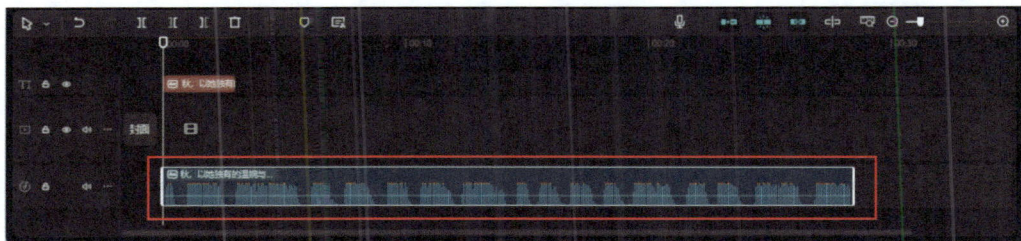

图 8-4

▶提示

使用"文本朗读"功能生成音频素材之前，如果用户觉得自己后续还可能对字幕内容进行修改，则可以勾选"朗读跟随文本更新"复选框，这样用户更新字幕内容时也会同步更新音频素材内容。

8.1.2 使用"克隆音色"为视频配音

使用"文本朗读"功能时，在音色选择上略有局限，也不能对音色进行更加细致的调整。若使用"克隆音色"功能，则可根据剪映提供的文本内容朗读并克隆音色，做出更加真实的配音效果。

01 启动剪映专业版，在工具栏中单击"文本"按钮，切换至"文本"模块，添加一段字幕素材至时间轴，如图 8-5所示。

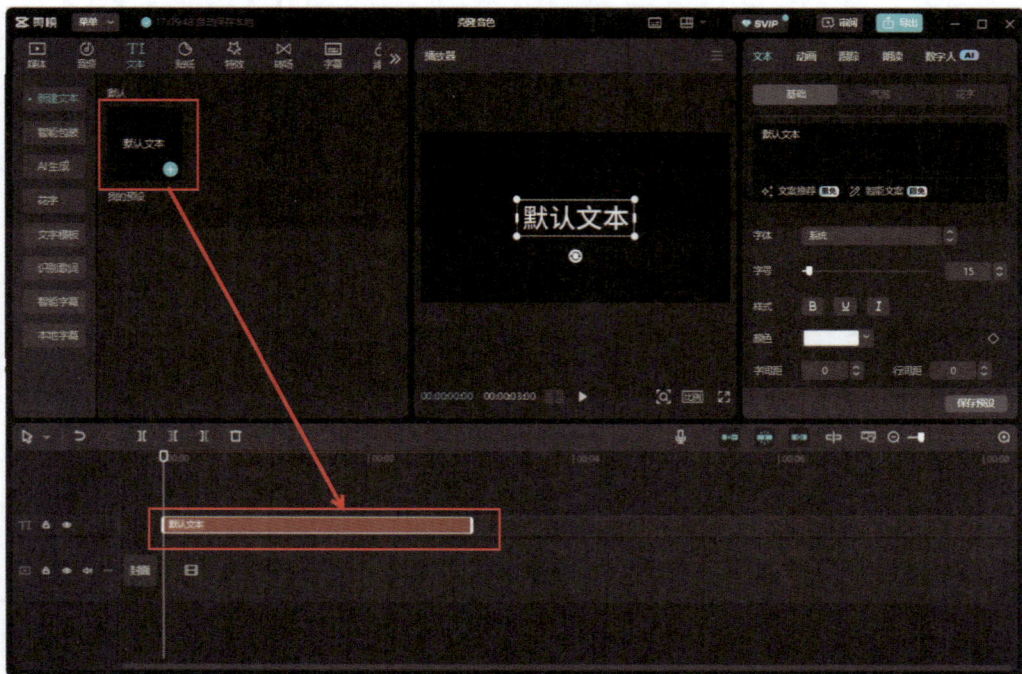

图 8-5

02 选中时间轴内的字幕素材，单击"朗读"，单击"点击克隆"，如图 8-6所示。

03 在弹出的"克隆音色"对话框中会提示用户使用风险和使用技巧，用户需要同意用户协议后才能使用该功能，如图 8-7所示。

04 单击"去录制"按钮，跳转至录制界面，剪映提供了需要朗读的文本，如图 8-8所示，用户只需要长按"点按开始录制"按钮即可开始录制，朗读文本后剪映将自动分析并生成克隆音色。

图 8-6

图 8-7

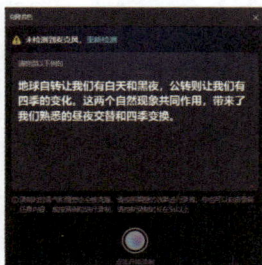

图 8-8

8.1.3 使用"声音效果"制作机器人音效

如果用户对已经录制好的声音感到不满意，想要更加独特的声音效果，则可以使用剪映进行更改。

01 启动剪映专业版，导入一段带有人声音频的素材至时间轴，如图 8-9 所示。

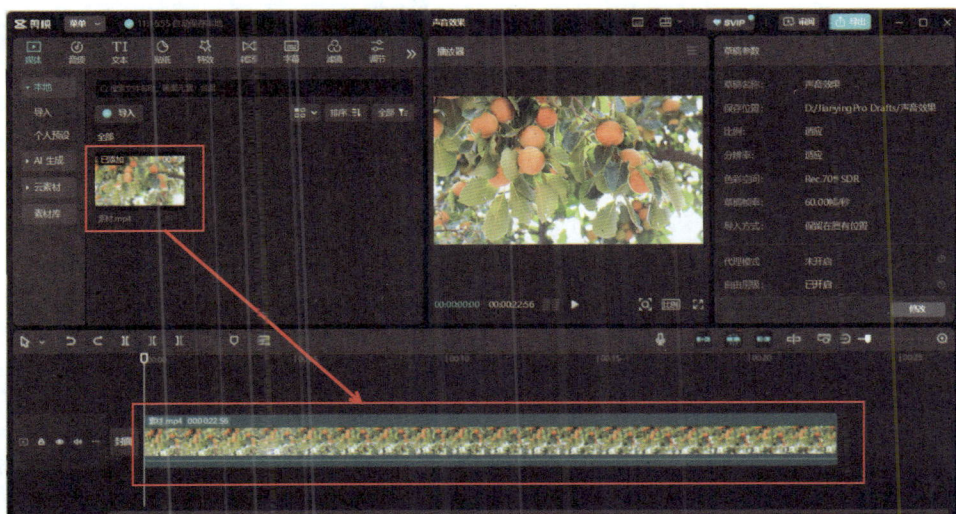

图 8-9

02 选中时间轴内的素材，单击鼠标右键，在弹出的菜单中选择"分离音频"选项，如图 8-10 所示。

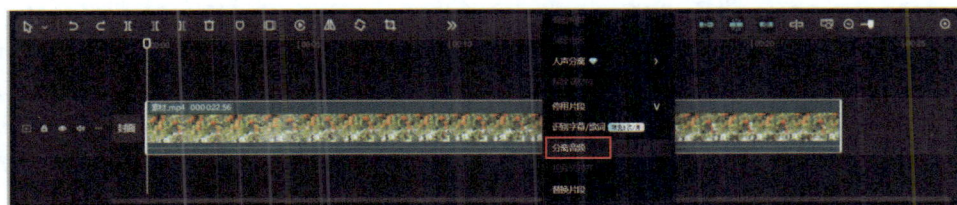

图 8-10

时间轴内将会多出一段音频素材，如图 8-11 所示。

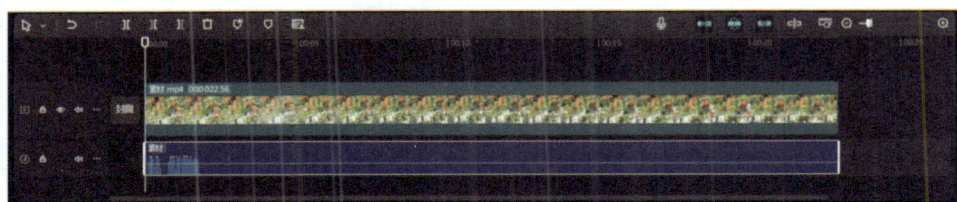

图 8-11

03 选中时间轴内的音频素材，单击素材调整
区中的"声音效果"，即可选择合适的声音
效果并应用至音频素材上。用户还可以调整
声音效果的强度以制作出符合心意的声音效
果，如图 8-12 所示。

图 8-12

8.1.4 使用"人声美化"修饰声音

使用设备录制人声时，难免会遇到录制的人声效果较差的情况，这个时候就可以使用剪
映中的"人声美化"功能来去除混响、齿音、喷麦等噪声问题并增强音质，提升人声部分的
音质。

01 启动剪映专业版，导入一段带有人声部分的音频素材至时间轴，如图 8-13 所示。

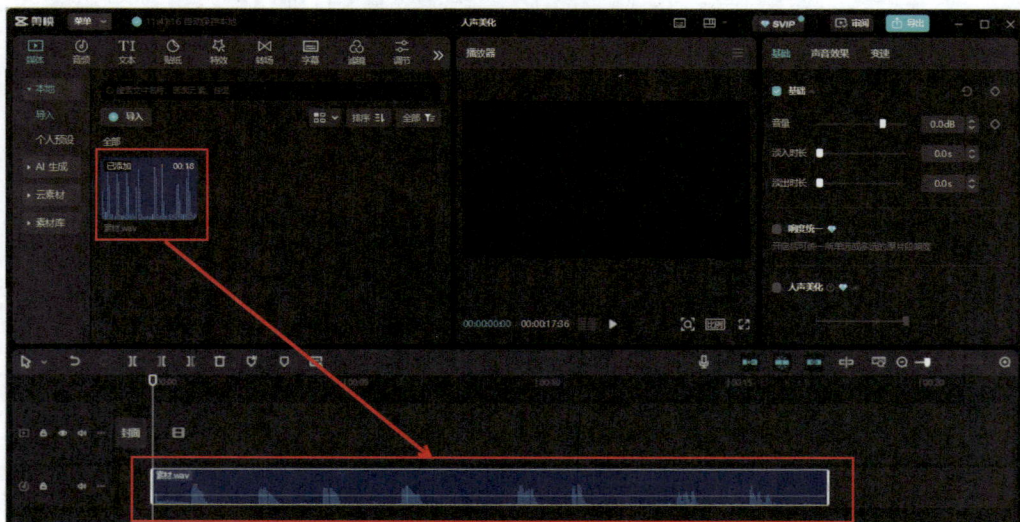

图 8-13

02 选中时间轴内的音频素材，在素材调整区
中勾选"人声美化"复选框，用户可以调整
人声美化强度，剪映也会提示人声美化处理
的进度，如图 8-14 所示。

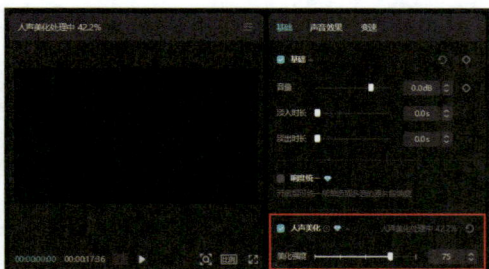

图 8-14

8.1.5 使用"人声分离"去除背景音乐

有时候在有背景音乐的环境中录制人声，背景音乐也会被录下来，很影响人声质量。此时，可使用剪映中的"人声分离"功能去除背景音乐。

01 启动剪映专业版，导入一段素材至时间轴，如图 8-15 所示。

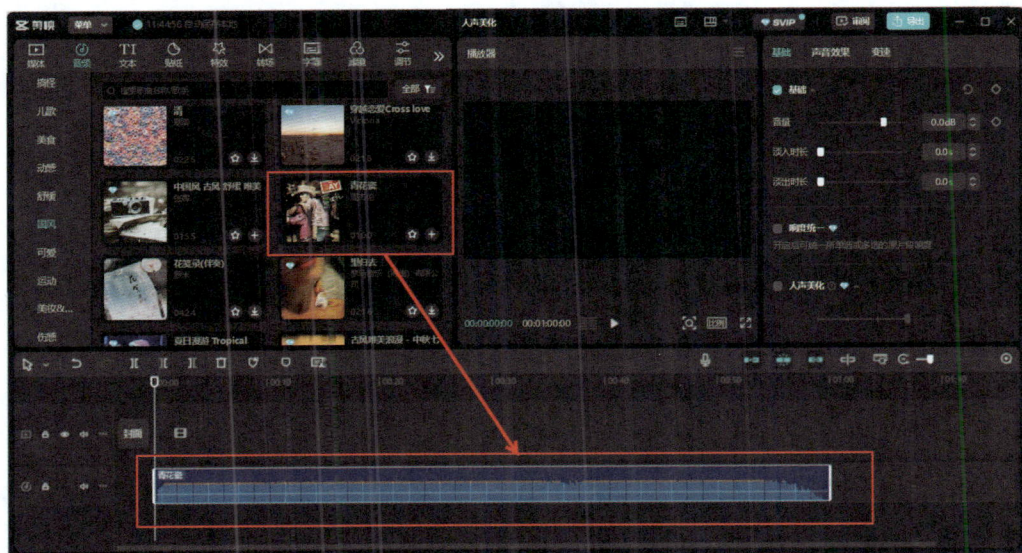

图 8-15

02 选中时间轴内的音频素材，在素材调整区中勾选"人声分离"复选框，用户可以选择保留背景声或是保留人声，如图 8-16 所示。

图 8-16

8.1.6 使用"节拍"功能制作卡点相册

使用剪映能够快速标记音频素材中的节拍点，这样制作卡点相册视频时就不用自己一个节拍点一个节拍点去定位了。

01 启动剪映专业版，导入图片素材至时间轴，如图 8-17 所示。

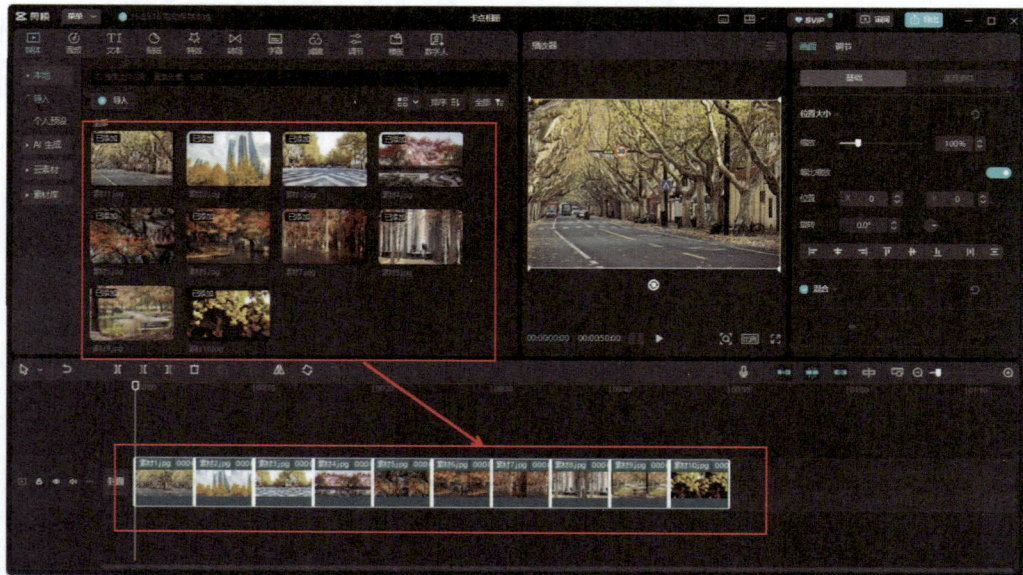

图 8-17

02 切换至剪映音乐库，在纯音乐分类下找到合适的背景音乐，将其添加至时间轴，如图 8-18 所示。

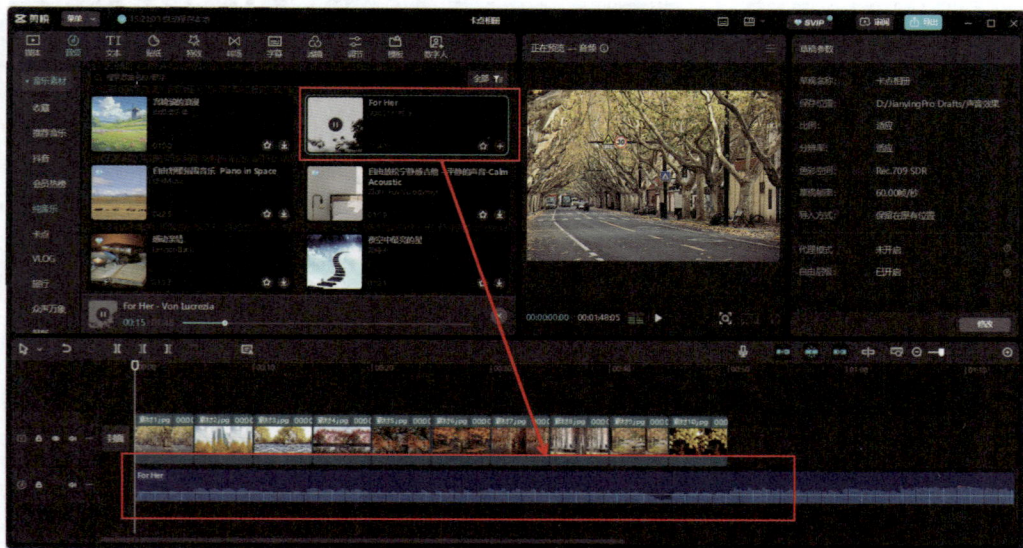

图 8-18

03 选中时间轴内的音频素材，单击常用功能区中的"添加音乐节拍标记"按钮 🎵，选择"踩节拍 I"选项，如图 8-19 所示，为音频素材添加节拍标记。

图 8-19

04 根据节拍点调整每段素材的时长为 00:00:03:36 左右，并对齐节拍点，如图 8-20 所示。

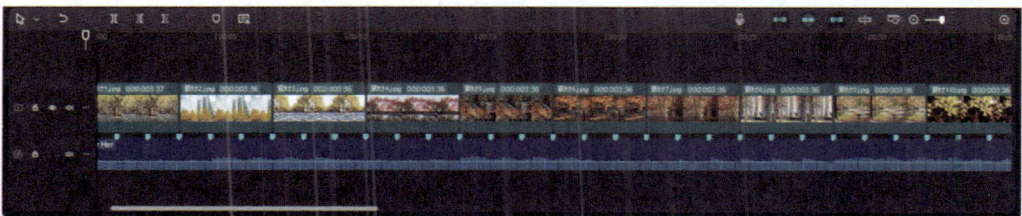

图 8-20

05 移动时间线至图片素材结束处，选中音频素材，单击常用功能区中的"向右裁剪"按钮，裁掉多余片段，使音频素材时长与图片素材时长保持一致，如图 8-21 所示。

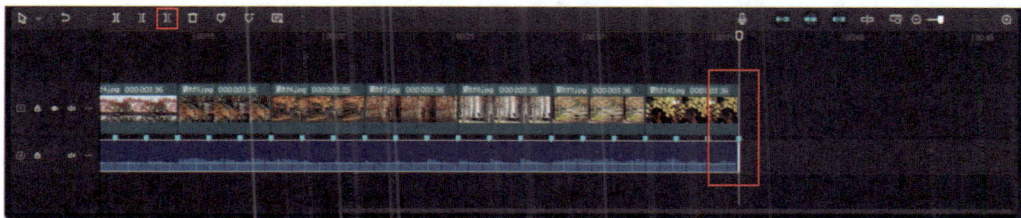

图 8-21

06 在工具栏中单击"转场"按钮，切换至"转场"模块，在"叠化"分类下选择名为"画笔擦除"的转场效果，单击素材调整区中的"应用全部"按钮，将该转场效果应用至所有素材的衔接处，如图 8-22 所示。

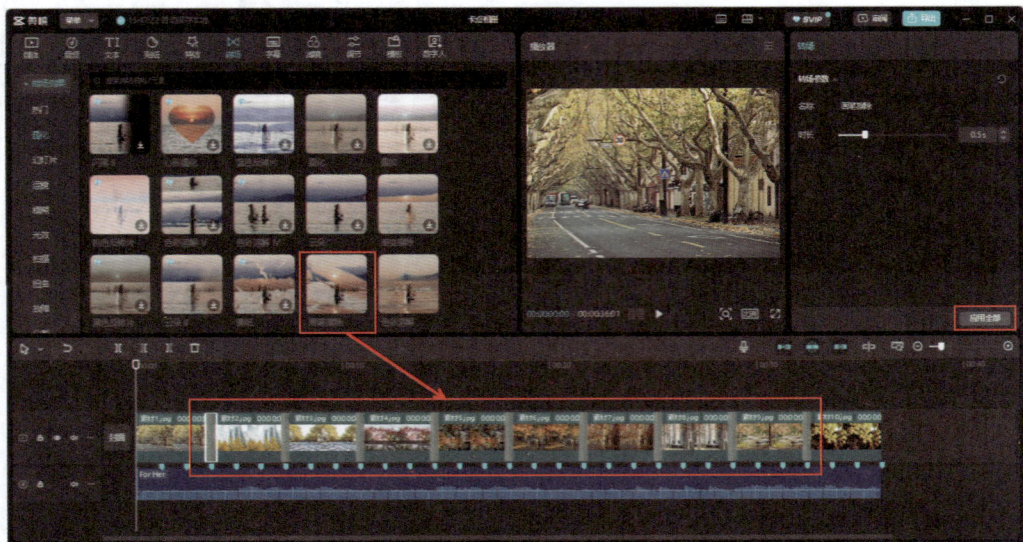

图 8-22

07 在工具栏中单击"文本"按钮,切换至"文本"模块,在剪映的文字模板库中的"简约"分类下找到合适的文字模板,并将其添加至时间轴,如图 8-23所示。卡点相册制作完成。

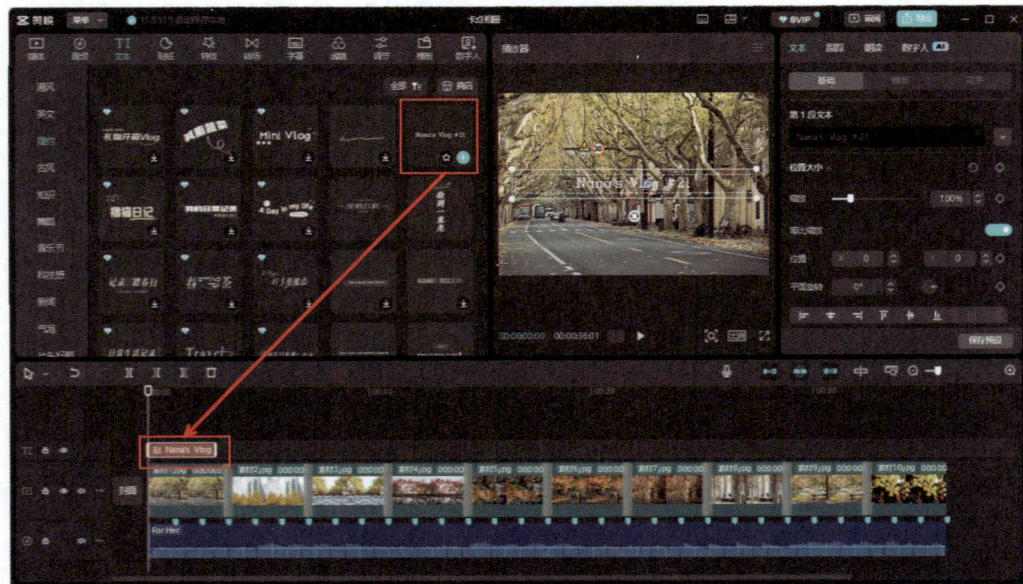

图 8-23

8.1.7 使用"场景音"制作留声机效果

剪映推出的"场景音"功能用于模拟各种场景下录制的声音状况，能够为原本平淡无奇的背景音乐增添独特的魅力。

01 启动剪映专业版，在剪映音乐库中找到合适的背景音乐，将其添加至时间轴，如图 8-24所示。

图 8-24

02 选中时间轴内的音频素材，在素材调整区中单击"声音效果"，切换至"声音效果"选项栏，选择名为"留声机"的声音效果，如图 8-25所示，用户可以在此处调整声音效果的强度。

图 8-25

8.1.8 使用"声音成曲"制作嘻哈音乐

剪映的"声音成曲"功能引入了AI技术，用户只需要导入音频素材，剪映就会根据素材制作具有相应效果的音乐。

01 启动剪映专业版，导入一段音频素材至时间轴，如图 8-26 所示。

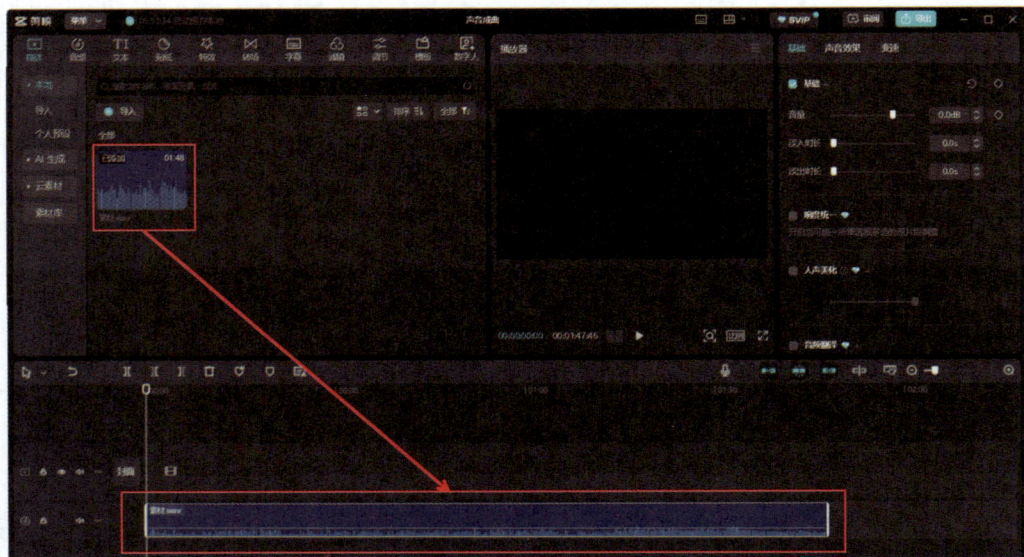

图 8-26

02 选中时间轴内的音频素材，在素材调整区单击"声音效果"，切换至"声音效果"选项栏，单击"声音成曲"按钮，即可在"声音成曲"选项栏中选择合适的成曲效果，如图 8-27 所示。

03 因为"声音成曲"功能仅能对时长为1分钟以下的素材生效，在裁剪音频素材后，选择名为"嘻哈"的效果即可，如图 8-28 所示，预览区上方也会显示生成进度。

图 8-27

图 8-28

8.2 AI字幕生成功能

剪映对AI的应用并不仅限于音频，还包含许多与字幕相关的功能，能够帮助用户做出更好的视频效果。

8.2.1 使用"智能文案"自动生成字幕

想要使用AI撰写文案可以使用剪映中的"智能文案"功能，该功能用于生成文案，并自动拆分以匹配素材，较之其他AI工具更加便捷。

01 启动剪映专业版，导入一段素材至时间轴，如图 8-29所示。

02 在工具栏中单击"文本"按钮，切换至"文本"模块，添加一段字幕素材至时间轴，如图 8-30所示。

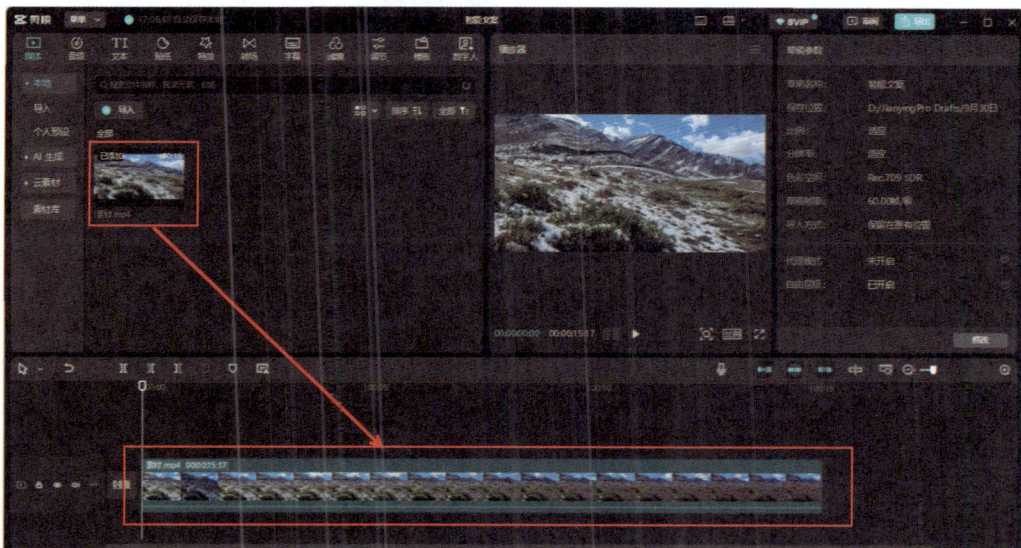

图 8-29

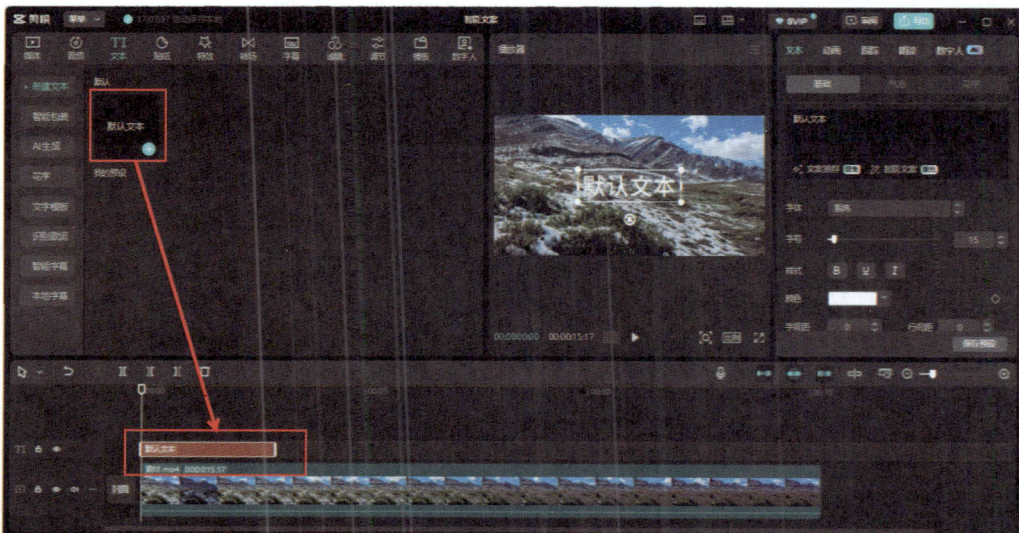

图 8-30

03 选中时间轴内的字幕素材，单击素材调整区中的"智能文案"按钮，如图 8-31所示。

04 此时会自动弹出"智能文案"对话框，如图 8-32所示。用户可以在该对话框中输入主题内容、补充文案需求，以获得最符合自身要求的文案。

图 8-31

05 单击对话框右下角的"继续"按钮，如图 8-33所示，即可开始生成文案。

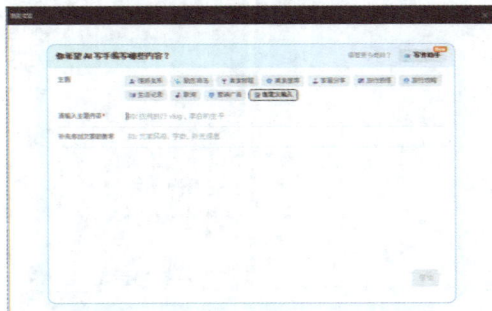

图 8-32

图 8-33

06 生成的文案如图 8-34所示，剪映会同时生成3个文案供用户选择，选择合适的文案内容后，单击"确认"按钮，即可选择该文案进行编辑。

07 剪映会对文案内容进行拆分，用户也可以编辑文案内容，让文案更符合自身要求。编辑后单击"添加到时间线"按钮，如图 8-35所示。

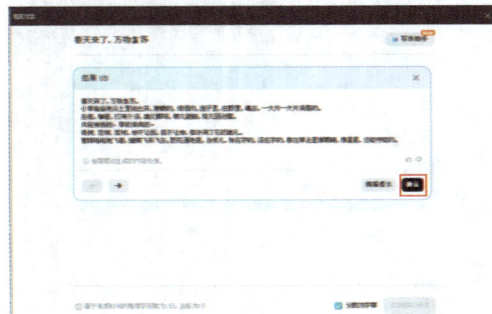

图 8-34

图 8-35

08 此时文案会被拆分，并添加至时间轴，如图 8-36所示。

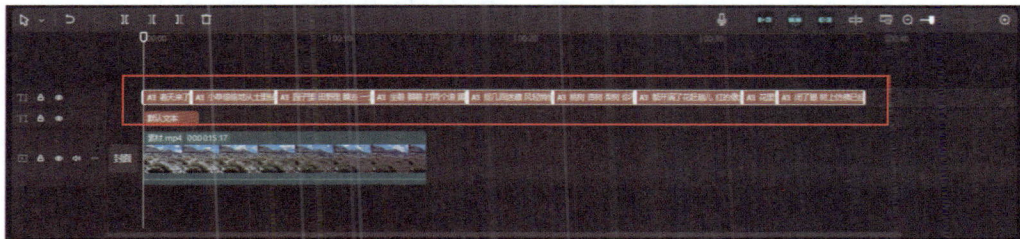

图 8-36

8.2.2 使用"识别字幕"批量添加字幕

使用剪映中的"识别字幕"功能能够批量添加字幕，提升工作效率，接下来介绍该功能的使用方法。

01 启动剪映专业版，导入一段口播素材，并将其添加至时间轴，如图 8-37所示。

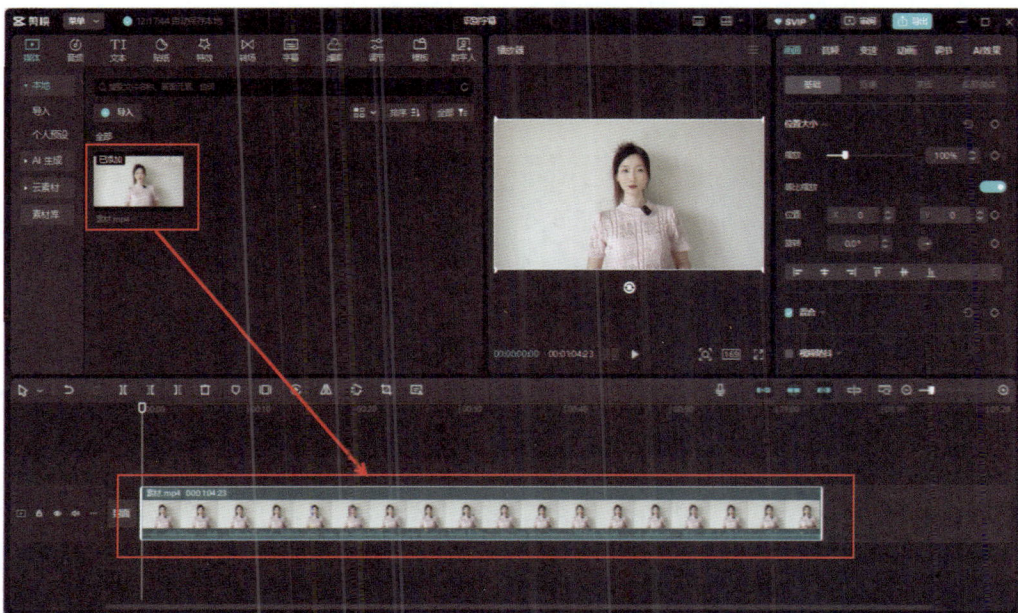

图 8-37

02 在工具栏中单击"文本"按钮，切换至
"文本"模块，单击"智能字幕"按钮，选
中时间轴内的视频素材，开启"识别字幕"
功能，如图 8-38 所示。

03 时间轴内会添加相应的字幕，如图 8-39
所示。可以对已添加的字幕进行样式调整，
使其更加美观。

图 8-38

图 8-39

8.2.3 使用"识别歌词"制作KTV字幕

剪映不仅可以识别字幕，还可以识别歌词，并且准确率非常高，能够帮助用户快速制作
KTV字幕。

01 启动剪映专业版，导入一段素材至时间轴，如图 8-40 所示。

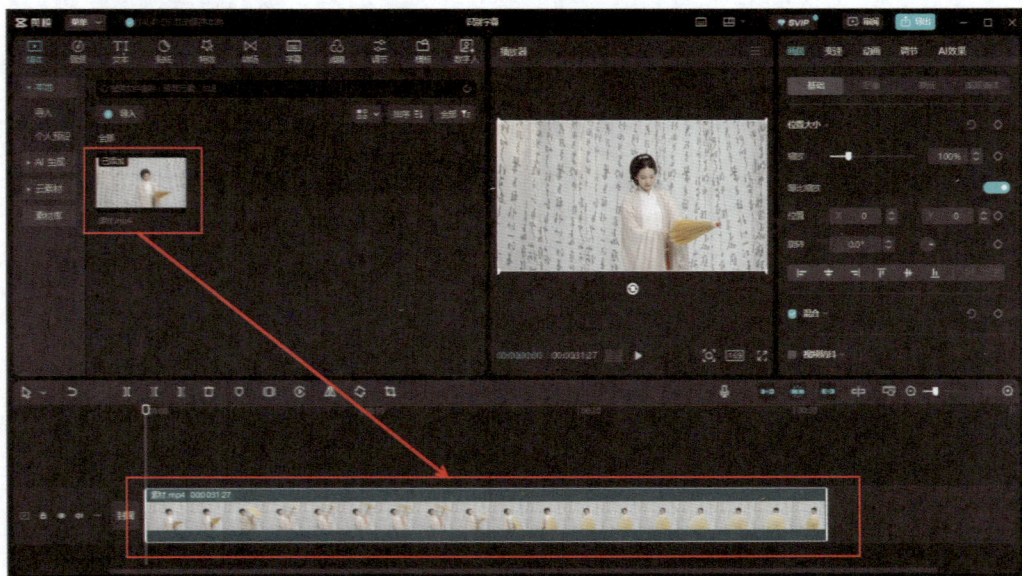

图 8-40

02 打开剪映音乐库，添加一段背景音乐至时间轴，如图8-41所示。

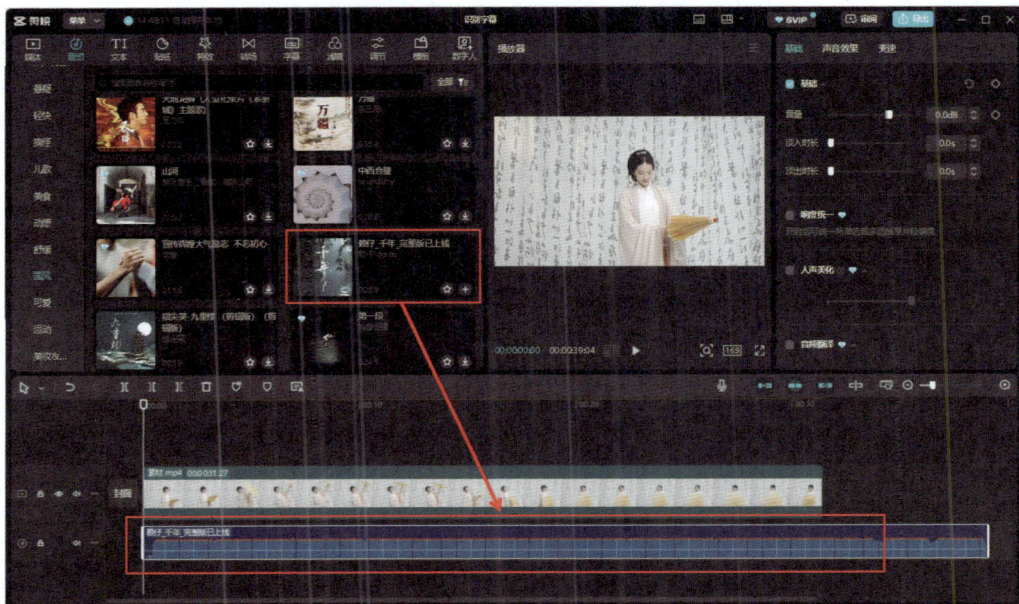

图 8-41

03 选中时间轴内的视频素材，在素材调整区中调整素材的变速倍数，如图 8-42所示。

04 选中时间轴内的音频素材，在工具栏中单击"文本"按钮，切换至"文本"模块，单击"识别歌词"按钮，单击"开始识别"按钮，如图 8-43所示，即可识别歌词。

图 8-42

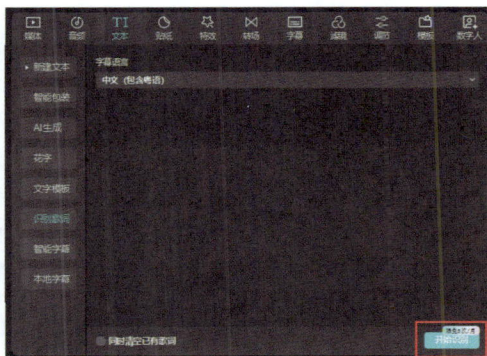

图 8-43

此时，时间轴内将会出现字幕素材，如图 8-44所示。

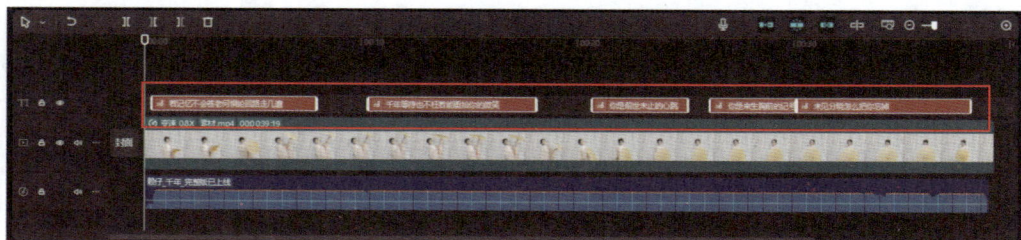

图 8-44

05 选中时间轴内所有的字幕素材，在素材调整区中调整字幕素材的字号，如图 8-45所示。
06 调整字幕素材的预设样式，让字幕更加美观，如图 8-46所示。

图 8-45

图 8-46

07 选中时间轴内的字幕素材，在素材调整区中单击"动画"，切换至"动画"选项栏，为所有字幕素材添加名为"卡拉OK"的入场动画效果，并调整入场动画效果时长，使其与字幕素材时长保持一致，如图8-47所示，调整后的效果如图 8-48所示。KTV字幕制作完成。

图 8-47

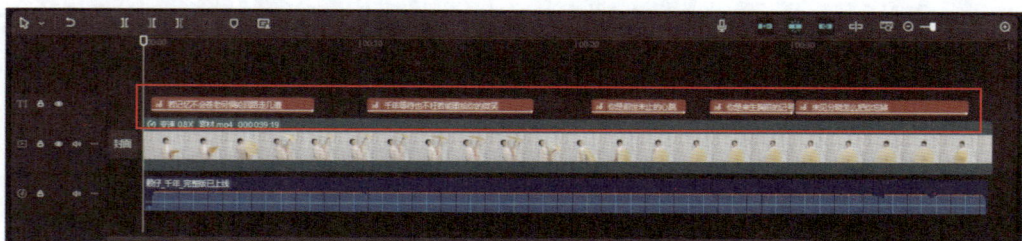

图 8-48

8.2.4　使用文字模板制作标题字幕

　　制作视频时经常需要使用制作标题字幕，使视频主题更加显眼，使用剪映中的文字模板能够快速制作各种标题效果。

01 启动剪映专业版，导入一段素材至时间轴，如图 8-49 所示。

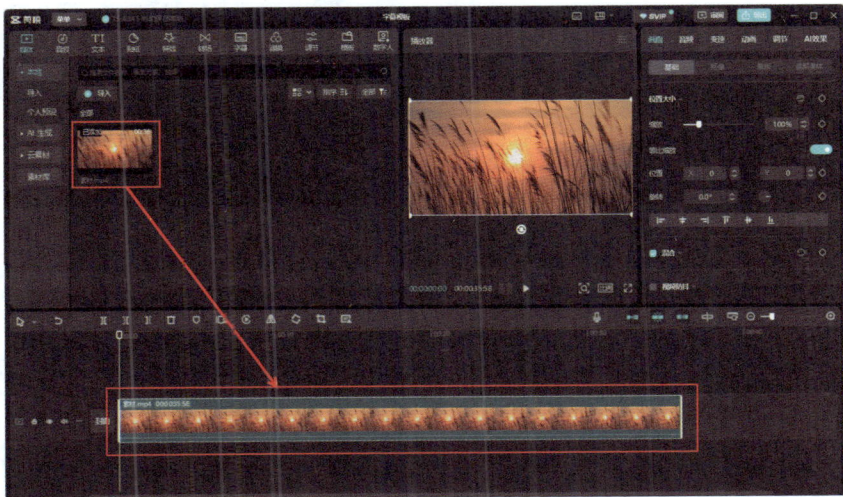

图 8-49

02 在工具栏中单击"文本"按钮，切换至"文本"模块，单击"文字模板"按钮，切换至"文字模板"选项栏，在其中选择合适的文字模板效果，并将其添加至时间轴，如图 8-50 所示。

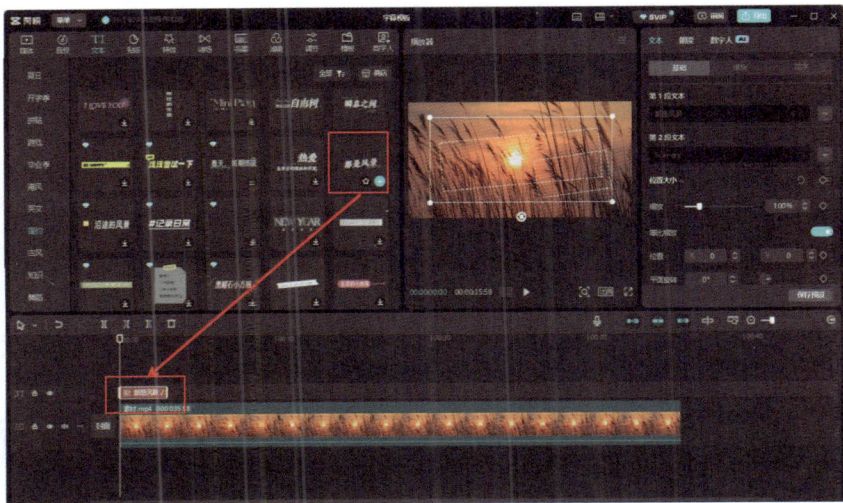

图 8-50

03 用户可以在素材调整区中调整文字模板的
内容、字体、颜色等参数，使文字模板效果更
加贴合素材，如图 8-51所示。也可以对文字
模板中的某一部分进行修改，只需要单击相应
文本后的下拉按钮，展开调整菜单进行调整。

　　文字模板中预设了动画效果，用户只需
要更改部分参数，就能在较短时间内轻松制
作出好看的标题。

图 8-51

8.2.5　使用"AI生成"功能制作水印

　　好看的水印能够成为视频的特色之一，也能避免视频被人盗用。使用剪映专业版中的"AI
生成"功能可以制作特别的文字效果，为视
频打上水印。

01 打开剪映专业版，在工具栏中单击"文
本"按钮，切换至"文本"模块，单击"AI
生成"按钮，切换至"AI生成"选项栏，如
图 8-52所示。

02 输入文字和效果描述，单击"立即生成"
按钮，如图 8-53所示。

图 8-52

03 生成效果如图 8-54所示，用户可以要求再次生成，也可以重新编辑描述词，使生成内容更
符合用户要求的效果。

图 8-53

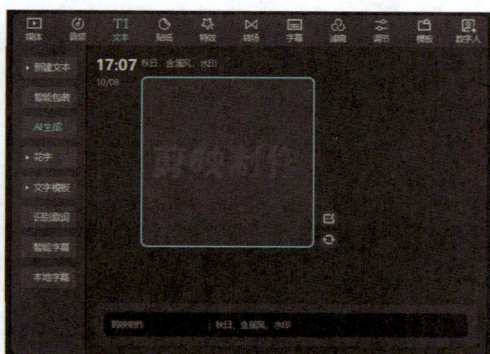

图 8-54

第9章

Chapter 9

账号包装:
精准吸引更多用户

运营者进入短视频平台之前,一定要对自己的账号进行定位,并对将要制作的内容进行定位,然后根据定位来策划和拍摄短视频,这样才能快速形成独特、鲜明的风格。

9.1 如何进行账号定位

账号定位是指运营者要确定自己要制作哪一类型的短视频，然后通过短视频账号获得什么样的"粉丝"群体，同时这个账号能为粉丝提供哪些价值。运营者需要从多个方面去考虑短视频账号的定位，不能只考虑自己的目标，或者只进行营销，而忽略了给粉丝带来价值，这样很难运营好账号，难以得到粉丝的支持。

短视频账号定位的核心规则：一个账号只专注于一个垂直细分领域，只定位一类粉丝人群，只分享一种类型的内容。本节将介绍短视频账号定位的相关方法和技巧，帮助大家做好账号定位。

9.1.1 厘清账号定位的关键问题

"定位"（Positioning）理论创始人杰克·特劳特（Jack Trout）曾说过："所谓定位，就是令你的企业和产品与众不同，形成核心竞争力。对受众而言，即鲜明地建立品牌。"

简单来说，定位包括以下3个关键问题。

- 你是谁？
- 你要做什么事情？
- 你和别人有什么区别？

对于短视频的账号定位，需要在此基础上对上述问题进行一些扩展，具体如图 9-1所示。

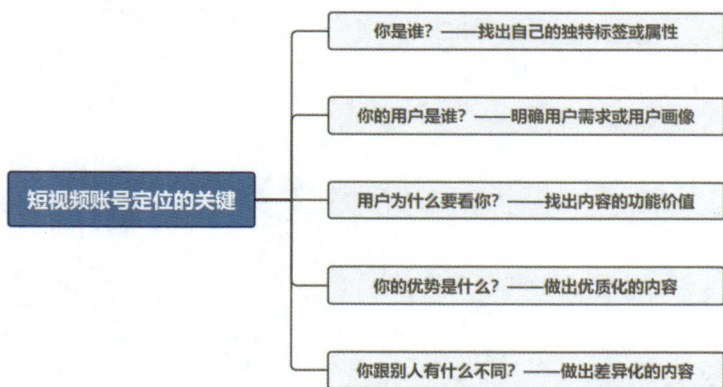

图 9-1

以抖音为例，该平台上有数亿用户，每天更新的视频数量也在100万以上，那么如何让自己发布的内容被大家看到和喜欢呢？关键在于做好账号定位。账号定位直接决定了账号的涨粉速度和变现难度，也决定了账号的内容布局和引流效果。

9.1.2　进行账号定位的理由

运营者在准备注册短视频账号时，必须将账号定位放到第一位，只有把账号定位做好了，之后短视频运营的道路才会走得更加顺畅。图 9-2 所示为将账号定位放到第一位的 5 个理由。

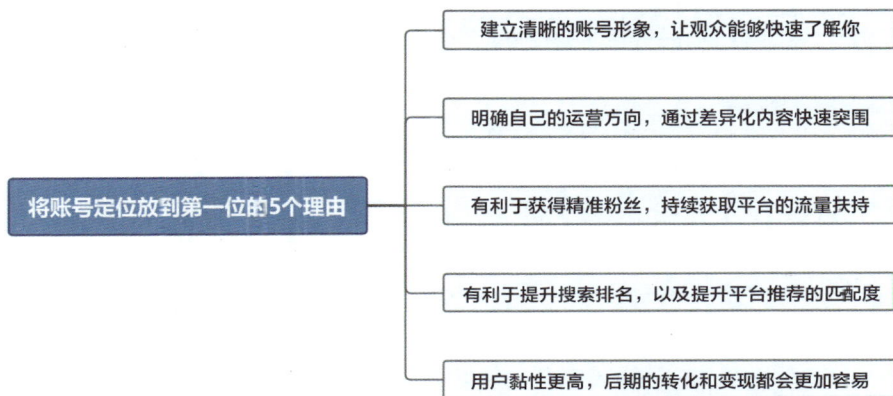

图 9-2

将账号定位放到第一位的5个理由

- 建立清晰的账号形象，让观众能够快速了解你
- 明确自己的运营方向，通过差异化内容快速突围
- 有利于获得精准粉丝，持续获取平台的流量扶持
- 有利于提升搜索排名，以及提升平台推荐的匹配度
- 用户黏性更高，后期的转化和变现都会更加容易

图 9-2

9.1.3　给账号打上更精准的标签

标签指的是短视频平台给运营者的账号进行分类的指标依据，平台会根据运营者发布的内容给其账号打上对应的标签，然后将运营者的内容推荐给对这类作品感兴趣的人群。在这种个性化的流量机制下，不仅提升了运营者的创作积极性，还提升了观众的观看体验。

例如，某个平台上有 100 个人，其中 50 个人都对旅行类内容感兴趣，还有 50 个人不喜欢旅行类的内容。此时，如果你刚好做的是旅行类内容，系统未将你的账号打标签时，会将你的内容随机地推荐给平台上的所有人。在这种情况下，你的内容被观众点赞和关注的概率就只有 50%，而且由于点赞率过低，会被系统认为内容不够优质，而不再给你推荐流量。

相反，如果你的账号被平台打上了"旅行"的标签，此时系统不再随机推荐流量，而是精准地推荐给喜欢看旅行类内容的那 50 个人。这样，你的内容获得的点赞和关注就会非常多，从而获得系统给予更多的推荐流量，让更多人看得到你的作品，并喜欢上你的内容，以及关注你的账号。

只有做好短视频的账号定位，运营者才能在粉丝心中留下某种特定的印象。因此，对短视频的运营者来说，账号定位非常重要，下面总结了一些账号定位的技巧，如图 9-3 所示。

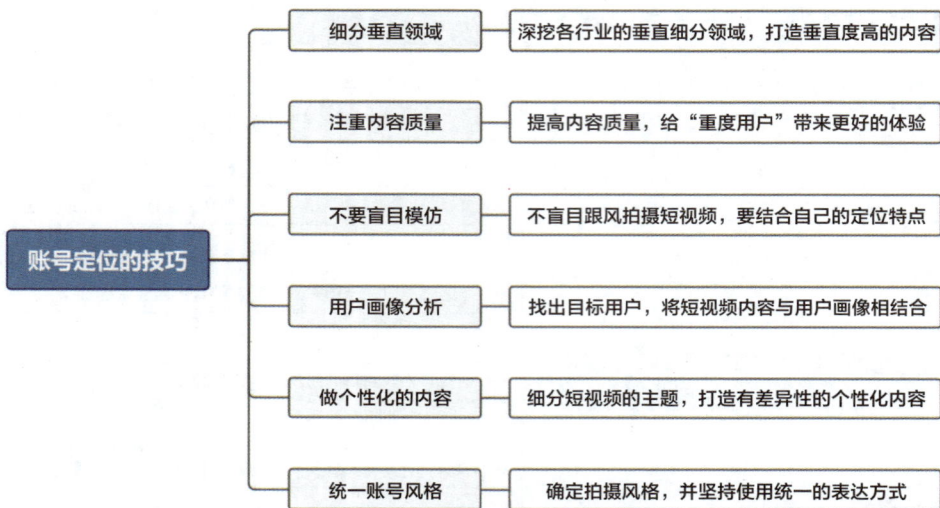

图 9-3

▶提示

以抖音平台为例，某条短视频作品连续获得系统的8次推荐后，该作品就会获得一个新的标签，从而得到更加长久的流量扶持。

9.1.4 了解账号定位的基本流程

很多人做短视频时没有考虑过自己的目的到底是涨粉还是变现。以涨粉为例，发布热点内容是非常快的涨粉方式，但这样的账号变现能力就会降低。

因此运营者需要先想清楚自己做短视频的目的是什么，如引流涨粉、推广品牌、打造IP（Intellectual Property，知识产权）、带货变现等。当运营者明确了做短视频的目的后，就可以开始做账号定位，其基本流程如下。

1. 分析行业数据

在进入某一行业之前，找出这个行业的头部账号，分析他们是如何将账号做好的。可以通过专业的行业数据分析工具，如蝉妈妈、新抖、飞瓜数据等，找出行业的最新信息、热点内容、热门商品和创作方向。图 9-4所示为蝉妈妈平台首页，使用该工具能够帮助运营者了解热门视频，从而发现有价值的内容和商品。

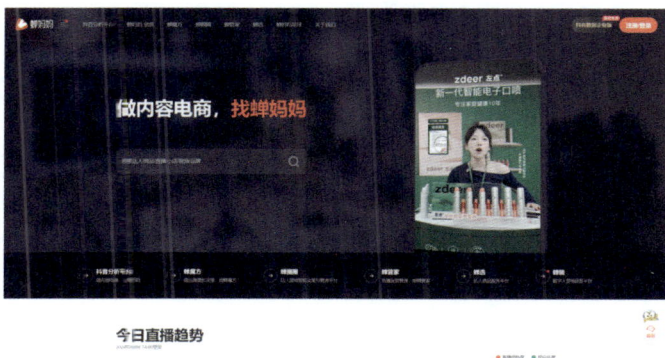

图 9-4

2. 分析自身属性

平台上的头部账号的点赞量和粉丝量都非常大，它们的运营者通常拥有良好的形象、才艺或技能，普通人很难模仿，因此运营者需要从自己的条件和能力出发，找出自己擅长的领域，保证内容的质量和更新频率。

3. 分析同类账号

深入分析同类账号的短视频选题、脚本、标题、运镜、景别、构图、拍摄和剪辑方法等方面，学习他们的优点，并找出不足之处或能够进行差异化创作的地方，以此来超越同类账号。

9.1.5　短视频账号定位的基本方法

短视频账号定位就是为账号运营确定一个方向，为内容创作指明方向。那么，运营者到底应该如何进行账号定位呢？可以从以下3个方面入手，即根据自身专长定位、根据观众需求定位和根据内容稀缺度定位，如图 9-5所示。

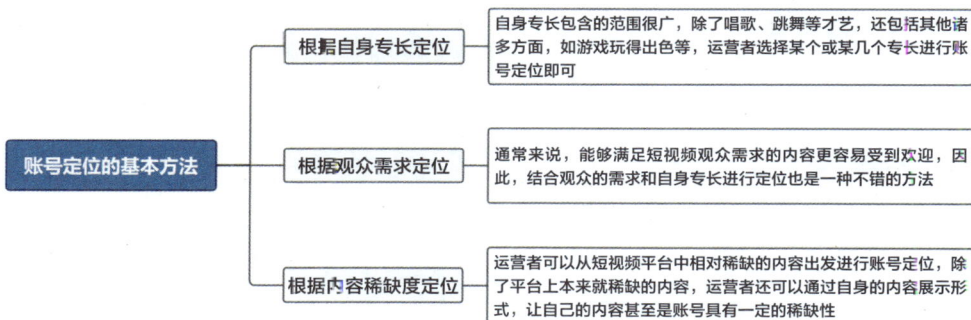

图 9-5

9.2 如何进行内容定位

短视频运营的本质是内容运营，那些能够快速涨粉和变现的运营者都是靠优质的内容来实现的。

通过内容吸引而来的粉丝都是对运营者的内容感兴趣的精准人群，因此，内容是运营短视频的核心所在，也是账号获得平台流量的核心因素。如果平台不推荐，那么你的账号和内容流量就会寥寥无几。

对于短视频运营，内容就是重点，而内容定位的关键就是用什么样的内容来吸引什么样的群体。

9.2.1 用内容去吸引精准人群

在短视频平台上，运营者不能简单地去模仿和跟拍热门视频，而是必须找到能够带来精准人群的内容，从而帮助自己获得更多的粉丝，这就是内容定位的要点。内容不仅可以直接决定账号的定位，还可以决定账号的目标人群和变现能力。因此，做内容定位时，不仅要考虑引流涨粉的问题，还要考虑持续变现的问题。

运营者在做内容定位的过程中，要清楚一个非常重要的因素——精准人群有哪些痛点？

1. 什么是痛点

痛点是指短视频观众的核心需求，是运营者必须为他们解决的问题。对于观众的需求，运营者可以去做一些调研，最好采用场景化的描述方法，通过具体的应用来讲述。运营者要善于发现痛点，并且帮助观众解决它们。

2. 挖掘痛点有什么作用

找到目标人群的痛点，对运营者而言主要有以下两个方面的作用，如图 9-6 所示。

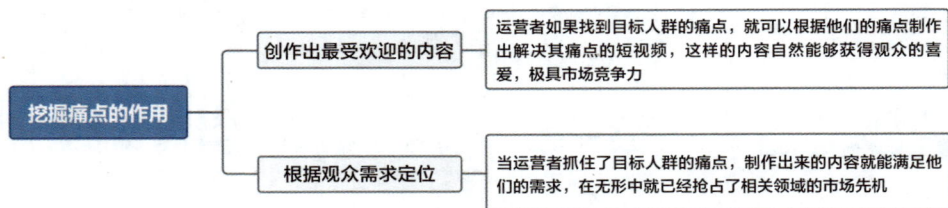

挖掘痛点的作用	创作出最受欢迎的内容	运营者如果找到目标人群的痛点，就可以根据他们的痛点制作出解决其痛点的短视频，这样的内容自然能够获得观众的喜爱，极具市场竞争力
	根据观众需求定位	当运营者抓住了目标人群的痛点，制作出来的内容就能满足他们的需求，在无形中就已经抢占了相关领域的市场先机

图 9-6

对短视频运营者来说，如果想要打造热门内容，就需要清楚自己的粉丝群体最想看的内容是什么，也就是抓住目标人群的痛点，然后根据他们的痛点来生产内容。

9.2.2 找到短视频观众的关注点

对短视频的观众来说，越缺什么，就越会关注什么，运营者如果基于他们的关注点去制作内容，就越容易受大家欢迎。如果运营者一味地在打广告上下功夫，则可能被观众讨厌。

在一条短视频中，往往戳中粉丝内心的时间就只有几秒钟，把握住关键，才能更快更好地达成目标，这对于各行各业而言都是一样的，如图9-7所示。

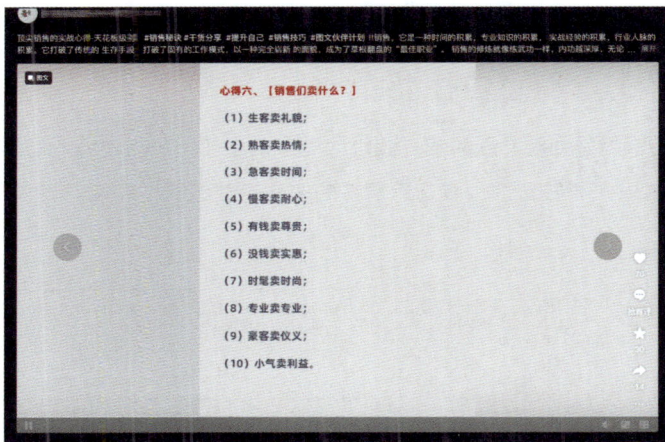

图 9-7

9.2.3 根据自己的特点输出内容

在短视频平台上输出内容是一件特别简单的事情，但是要想输出有价值的内容，获得观众的认可，这就有难度了。特别是在如今各种短视频多如牛毛，越来越多的人参与其中的情况下，到底如何才能找到合适的内容去输出呢？怎样提升内容的价值呢？下面介绍详细的方法。

1. 选择合适的内容输出形式

当运营者在行业中积累了一定的经验、有了足够优质的内容之后，就可以输出这些内容了。

如果你擅长写，可以写文案；如果你的声音不错，可以输出音频内容；如果你的镜头感较好，则可以拍摄一些真人出镜的短视频。选择合适的内容输出形式，有助于在比较短的时间内成为相应领域的佼佼者。

2. 持续输出有价值的内容

对于持续输出有价值的内容，建议如下。

- 做好内容定位，专注于做垂直细分领域的内容。
- 始终坚持每天创作高质量的内容，并保证持续产出。
- 发布比创作更重要，要及时将内容发布到平台上。

如果运营者只创作内容，而不输出内容，那么这些内容就不会被人看到，也没有办法通过内容来影响别人。总之，运营者要根据自己的特点去生产和输出内容，最重要的一点就是要持续不断地去输出内容，因为只有持续输出内容，才有可能建立自己的行业地位，成为所在领域的信息专家。

9.2.4　短视频的内容定位标准

短视频的内容最终是为观众服务的，要想让观众关注你发布的内容，那么相应内容就必须能够满足他们的需求。要做到这一点，运营者的内容定位还需要符合一定的标准，如图 9-8 所示。

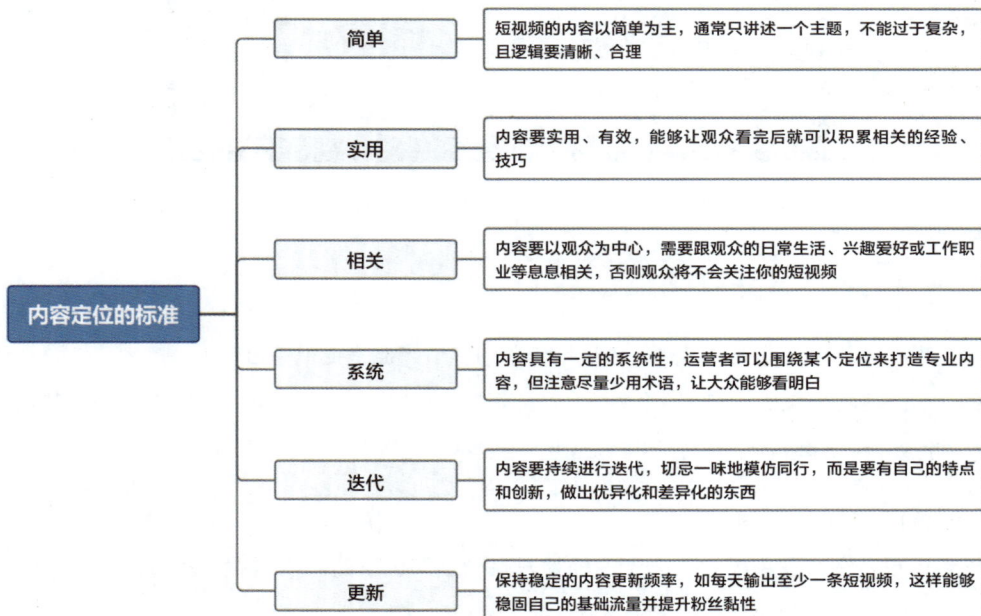

图 9-8

9.2.5　短视频的内容定位规则

短视频平台上的大部分热门内容都是经过运营者精心策划的，因此内容定位也是成就热门内容的重要条件。运营者需要让内容始终围绕主题，保证内容的方向不会产生偏差。

在进行内容定位规划时，运营者需要注意以下几个规则。

- **选题有创意**。内容的选题尽量独特有创意，并且要建立自己的选题库和标准的工作流程，这样不仅能够提高创作的效率，还可以激发观众持续观看的欲望。例如，运营者可以多收集一些热点加入选题库，然后结合这些热点来创作内容。
- **剧情有起伏**。短视频通常需要在短短15秒内将大量信息清晰地叙述出来，因此内容通常都比较紧凑。尽管如此，运营者还是要在剧情上安排一些起伏，来吸引观众的眼球。
- **内容有价值**。不管是哪种内容，都要尽量给观众带来价值，让观众认为值得为你付出时间成本。例如，做搞笑类的短视频，那么就要能够给观众带来欢乐；做美食类的短视频，就需要让观众产生食欲，或者让他们有实践的想法。
- **情感有对比**。内容可以源于生活，通过采用一些简单的拍摄手法，展现生活中的真情实感，并加入一些情感的对比。这种内容更容易打动观众，带动观众的情绪。
- **时间有把控**。运营者需要合理地安排短视频的时间节奏，抖音默认的短视频拍摄时长为15秒，这是因为这个时间长度的短视频是较受观众喜欢的，短于7秒的短视频不会得到系统推荐，而长于30秒的短视频观众很难坚持看完。

▶ 提示

在设计短视频的台词时，要使其能够引起观众的情感共鸣，让观众愿意信任你。

9.3　如何进行账号设置

各种短视频平台上的运营者极多，如何才能从众多同类账号中脱颖而出，快速被大家记住呢？其中一种方法就是通过账号信息的设置，为自己的账号打上独特的个人标签。

9.3.1　账号名字的设计技巧

账号的名字需要有特点，而且最好和账号定位相关，基本原则如下。

- **便于记忆**：名字不能太长，否则观众不容易记住。通常账号名字在3~5字，起一个具有辨识度的名字可以让观众更好地记住这个账号。

- **便于理解：** 账号名字可以与自己的创作领域相关，或者能够体现身份价值，并且要注意避免使用生僻字，通俗易懂的名字更容易被大家接受。图 9-9所示为抖音平台上名为×××油画的账号，从这个账号名字便可以知道该运营者所发布的内容都与油画有关。

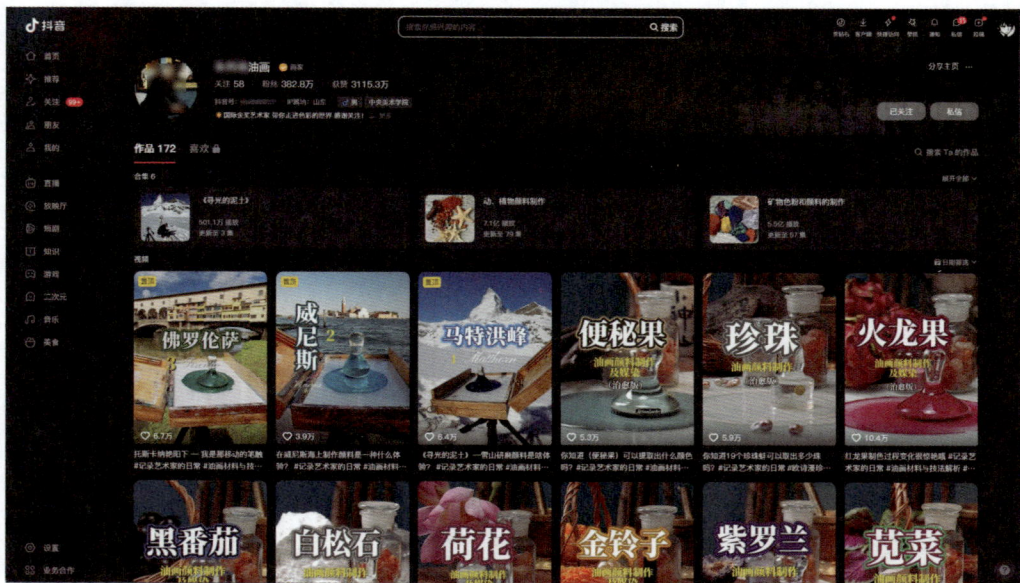

图 9-9

- **便于传播：** 运营者的账号名字应具有一定的意义，并且易于传播，能够给人留下深刻的印象，有助于提高账号的曝光度。

值得注意的是，账号名字也可以体现出运营者的形象，包括姓名、年龄、身高等基本信息，以及企业、职位和成就等背景信息。

9.3.2 账号头像的设置技巧

运营者的账号头像也需要有特点，必须展现自己最美的一面，或者展现企业的良好形象。创作领域不同，头像的重点也就不同。好的头像辨识度更高，能让观众更容易记住。

图 9-10所示为抖音上某摄影账号的头像，可以看到头像为一个剪影，并且手持摄像机，点明了该账号的定位。

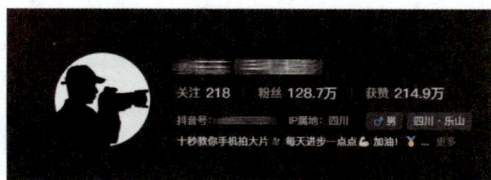

图 9-10

运营者在设置账号头像时，还需要掌握一些基本技巧，具体如下。

- 账号头像的画面一定要清晰。
- 个人账号可以使用自己的肖像作为头像，能够让大家快速记住你的容貌。
- 企业账号可以使用主营产品作为头像，或者用企业名称、Logo等作为头像。图 9-11所示为小米官方旗舰店的抖音账户，便是使用企业Logo作为头像。

图 9-11

9.3.3 账号简介的设置技巧

短视频账号的简介通常应简单明了，主要原则是"描述账号+引导关注"，基本设置技巧如下。

- 前半句描述账号的特点或功能，后半句引导关注。
- 明确地告诉观众自己的创作领域。

▶ 提示

账号简介是用来告诉观众你的账号是做什么的，只需提取一两个重点内容放在里面即可，并且注意不要有生僻字。

9.4 使用AI工具包装账号

随着科技的进步，各种各样的AI工具也随之诞生，使用AI工具能够大幅度提升工作效率，本节将介绍使用AI工具快速包装账号的方法，帮助读者打造适合自己的个人账号。

9.4.1 使用AI工具编写个人简介

账号简介的核心作用是解决一个问题："用户为什么要关注你？"这是一个很重要的问题，简介最多只有100个字，而使用AI工具能够高效地利用这100个字，向用户展示账号特色。

首先将这100个字具化成更细致的3个问题，来帮助用户识别账号的价值，具体问题如下。

- 你是谁？
- 你在哪方面有经验？
- 你的经验可以为我带来什么？

虽然每个人所处阶段不同，但都可根据这3个问题提炼出一份简介模板，如表9-1所示。

表9-1

序号	简介要点	示例
1	你是谁 有什么特点	30岁以上的职场妈妈 业余时间读书写作，自我提升
2	账号会做哪些内容	好书分享、成长经验、计划复盘、 家庭育儿
3	具有个人特色的座右铭（非必需）	读书，世界就在眼前； 不读书，眼前就是世界

有了这样一份模板后，就可以尝试使用AI工具创作合适的账号简介，选择分享给平台用户的内容。

Q 假设现在你是一位拥有十万粉丝的抖音读书博主，可以设置怎样的账号简介？请用四字短语的形式呈现，并撰写20个。

A 作为拥有十万粉丝的抖音读书博主，可以在设置账号简介时参考以下20个四字短语形式的内容。

书海泛舟

阅读启航

字里行间

思维碰撞

经典共赏

知识盛宴

书香四溢

好书推荐

人生感悟

　　思想火花

　　心灵旅程

　　……（此处省略部分回答）

找不到有特色的座右铭怎么办？仍然可以交给AI。

Q 关于读书的重要性，可以给我5个名人所说的金句，便于作为我账号简介中的座右铭吗？每句话不要超过25个字。

A 当然可以，以下是关于读书重要性的5个名人金句，适合作为您抖音账号简介中的座右铭。

　　书籍是人类进步的阶梯。——高尔基

　　读书使人充实，讨论使人机智。——培根

　　一个家庭没有书籍，等于一间房子没有窗户。——约翰逊

　　读书破万卷，下笔如有神。——杜甫

　　不读书的人，思想就会停止。——狄德罗

　　这些名人金句既体现了读书的重要性，又富有哲理，能够很好地展现一个读书博主的品位和理念。此外，AI可以快速地帮助大家吸收学到的知识，提高学以致用的能力，不用担心自己因为缺乏知识储备而难以运营账号。

9.4.2 使用AI工具生成背景图

　　账号的背景图是"天然的广告位"，如图9-12所示，这也是可以再次向用户传达信息的地方。

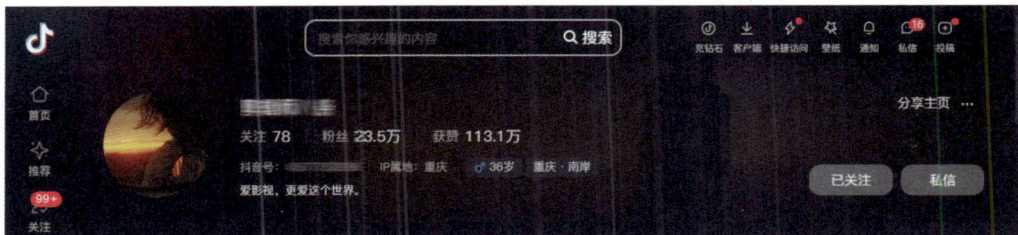

图 9-12

选择一个好的背景图有3个原则，具体介绍如下。

1. 权威证明

背景图可以是账号简介中权威信息的相关证明，例如出过的书、取得的证书、与名人的授权合影，进一步证明个人信息的真实性。

2. 体现定位

除了通过人物头像体现账号定位，可以继续使用符合账号定位风格的图片作为背景图。

3. 突出利益

如果有明确可以提供给用户的利益，可以把背景图变成广告墙，引导用户关注。

例如，使用AI工具生成背景图中需要使用的文案，再进行排版设计能够快速产出背景图。

Q 假设你现在是一位抖音上的读书博主，你账号中的内容是图书推荐，现在需要制作背景图广告墙，请为我撰写一句话广告墙文案，不超过20字，并提供5种内容不同的文案。

A 每天一本好书，开启智慧生活！

书籍照亮心灵，让阅读点亮每一天！

与你分享书中宝藏，探索不一样的世界！

跟随好书的脚步，感受文字的力量！

一本书一个世界，带你领略无限精彩！

第10章

Chapter 10

引流营销:
吸引大众观看，提升播放量

流量是短视频运营的核心竞争力，因此引流成了短视频运营的关键手段。运营者可以通过设置好的短视频标题、短视频封面和评论区互动等方式来获得更多流量，从而让自己的短视频内容被更多的人看到和关注。

10.1　算法机制

要想成为短视频平台上的"头部大 V"，运营者首先要想办法让自己的账号或内容获得更多的流量。当然，前提是需要脚踏实地做好视频内容。

运营者可使用一些运营技巧来提高短视频的流量和账号的关注度，而平台的算法机制是不容忽视的重要元素。目前大部分短视频平台采用的都是去中心化的流量分配逻辑，本节将以抖音平台为例，介绍短视频的算法机制，帮助运营者明晰算法机制，并"顺势而为"。

10.1.1　认识算法机制

算法机制相当于一套评判规则，这个规则适用于平台上的所有用户。用户在平台上的所有行为都会被记录，平台会将这些记录上传至服务器进行分析，将用户分为优质用户、流失用户和潜在用户等类型。

例如，某位运营者在平台上发布了一条短视频，此时算法机制会考量这条短视频的各项数据指标，来判断其内容的优劣。如果算法机制判断该短视频内容是优质的，则会继续在平台上对其进行推荐，让用户在推荐中能够"刷"到该条短视频，如图 10-1 所示，否则将不会提供流量扶持。

图 10-1

如果运营者想知道抖音平台当下的流行趋势是什么，以及平台最喜欢推荐哪种类型的视频，可以注册一个新的抖音账号，然后记录推荐的前 30 条短视频内容，将每条短视频都完整地看完，因为算法机制无法判断新账号运营者喜好，因此会给运营者推荐当前平台上最受欢迎的短视频，由此运营者便可以从中得知热门内容。

运营者可以根据平台的算法机制来调整自己的内容细节，让自己的内容最大化地迎合平台的算法机制，从而获得更多流量。

10.1.2　抖音的算法机制

抖音官方平台通过智能化的算法机制来分析运营者发布的内容和用户行为，如点赞、评论、转发和关注等，进而了解每个人的兴趣，并给内容和账号打上对应的标签，以此为用户推荐其可能感兴趣的内容。

在这种算法机制下，好的短视频内容能够获得用户的关注，也就是获得精准的流量；而用户则可以看到自己想要看到的内容，从而持续在这个平台上停留；平台则获得了更多的高频用户，可以说是"一举三得"。

运营者发布到抖音平台上的短视频内容需要经过层层审核才能被大众看到，其背后的算法逻辑主要分为3个部分，如图 10-2 所示。

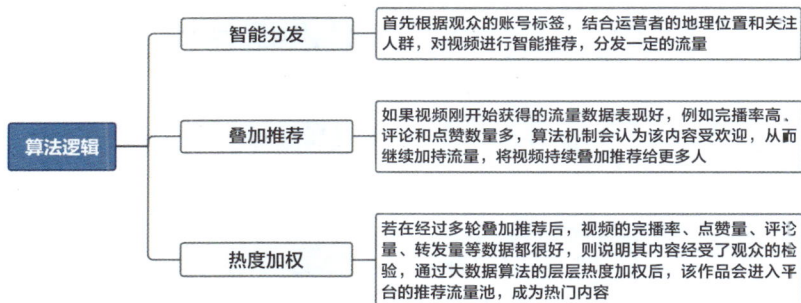

图 10-2

10.1.3　抖音算法机制的实质

抖音短视频的算法机制实质上是一种"流量赛马"机制，也可以看成一种漏斗模型，如图 10-3 所示。

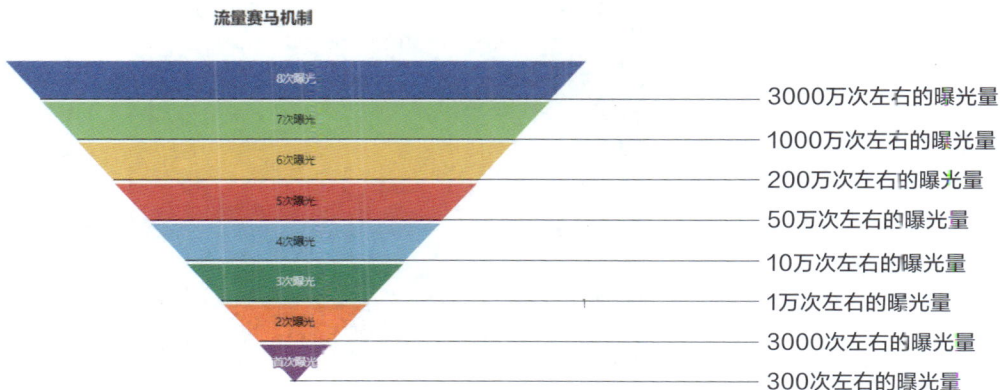

图 10-3

运营者发布内容后，抖音平台会将同一时间发布的所有视频放到一个池子里，给予一定的基础流量，然后根据这些流量的反馈情况进行筛选，选出数据较好的内容，再将其放到下一个流量池中，而数据差的内容将不再被系统推荐。

也就是说，在抖音平台上，视频内容之间的竞争与赛马一样，通过算法机制统计出数据较差的内容，并将其淘汰。图 10-4 所示为流量赛马机制的相关流程。

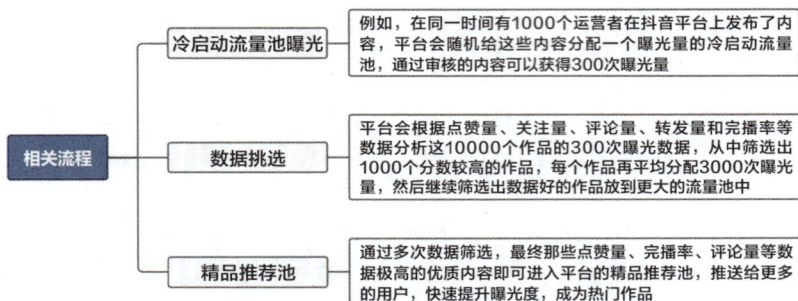

相关流程	冷启动流量池曝光	例如，在同一时间有1000个运营者在抖音平台上发布了内容，平台会随机给这些内容分配一个曝光量的冷启动流量池，通过审核的内容可以获得300次曝光量
	数据挑选	平台会根据点赞量、关注量、评论量、转发量和完播率等数据分析这10000个作品的300次曝光数据，从中筛选出1000个分数较高的作品，每个作品再平均分配3000次曝光量，然后继续筛选出数据好的作品放到更大的流量池中
	精品推荐池	通过多次数据筛选，最终那些点赞量、完播率、评论量等数据极高的优质内容即可进入平台的精品推荐池，推送给更多的用户，快速提升曝光度，成为热门作品

图 10-4

10.1.4 明晰流量池的作用

在抖音平台上，运营者不管有多少粉丝，发布的内容质量优质与否，作品都会进入到流量池。当然，运营者的作品是否能够进入下一个流量池，关键在于其在上一个流量池中的表现。

总的来说，抖音的流量池可以分为低级、中级和高级 3 类，平台会依据运营者的账号权重和内容的受欢迎程度来分配流量池。也就是说账号权重越高，发布的内容会越受用户欢迎，得到的曝光量也会越多。

因此，运营者一定要把握住冷启动流量池，让自己的内容在这个流量池中获得较好的表现。通常情况下，平台评判内容在流量池中的表现主要参考点赞量、关注量、评论量、转发量和完播率这几个指标，如图 10-5 所示。

"关注"按钮（进入个人主页后可查看关注量）

点赞量、评论量、收藏量

"分享"按钮（转发量）

图 10-5

运营者发布短视频后，可以通过自己的私域流量或者付费流量来提高账号的关注量，以及短视频的点赞量、评论量、转发量和完播率等指标的数据。

也就是说，运营者的账号是否能够做起来，这几个指标是关键因素。如果某个运营者连续7天发布的短视频都没有人点赞，甚至很多人看到封面后就直接划走了，那么算法系统就会判定该账号为低级号，给予的流量就会非常少。

如果某个运营者连续7天发布的短视频播放量都维持在200～300次，则算法机制会判定该账号为最低权重号，并将其发布的内容分配到低级流量池中。若该账号发布的内容持续30天播放量仍然没有突破，则同样会被系统判定为低级号。

反之，如果某个运营者连续7天发布的短视频播放量都超过1000次，则算法机制会判定该账号为中级号或者高级号，这样的账号发布的内容很容易成为热门视频。

总之，运营者明晰了抖音的算法机制后，即可有针对性地运营账号，让账号权重更高，从而为视频带来更多的流量。

▶ 提示

另外，停留时长也是评判内容是否能成为热门视频的关键指标，用户在某条短视频播放界面停留的时间越长，抖音的算法机制则会自动认为用户对这条短视频越有浓厚的兴趣，进而将该条短视频推荐给更多用户。

10.1.5　叠加推荐机制

在抖音平台为短视频提供了第一波流量之后，算法机制会根据这波流量的反馈数据来判断内容的优劣。如果某条短视频的内容被判定为优质，则会给该内容叠加分发多波流量，反之则不会再继续分发流量了。

因此，抖音采用的是一种叠加推荐机制。一般情况下，运营者发布作品后的一个小时内，如果短视频的播放量超过5000次，点赞超过10%，评论超过10条，算法机制会马上给予下一次推荐。图10-6所示为叠加推荐机制的基本流程。

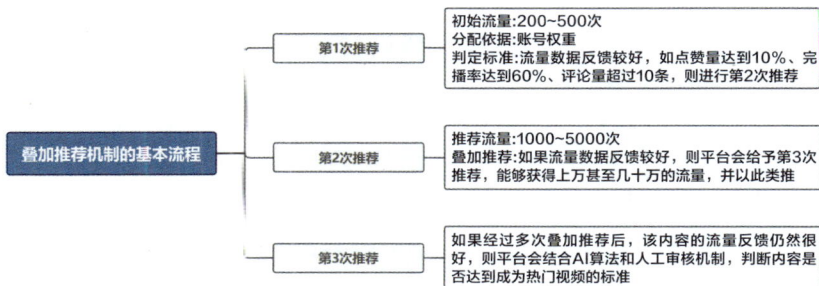

图 10-6

运营者还需要注意的是，千万不要为走捷径而去"刷流量"，平台对这种违规操作是明令禁止的，并会根据情况的严重程度相应地给予审核不通过、删除违规内容、内容不推荐、后台警示、限制上传视频、永久封禁、报警等处理。

▶ 提示

许多人可能会遇到这种情况，就是自己拍摄的原创内容没有火，但是别人翻拍的作品却火了，这其中很大的一个原因就是受到账号权重大小的影响。

账号权重就是账号的优质程度，也就是运营者的账号在平台心目中的位置。账号权重会影响内容的曝光量，低权重的账号发布的内容很难被用户看见，而高权重的账号发布的内容则会更容易被平台推荐。

10.2 短视频标题

人们常说："标题决定了80％的流量。"虽然这句话的来源和准确性不可考，但由其流传之广可知标题的重要性。

10.2.1 认识短视频标题制作要点

在撰写短视频标题时，需要了解一定的制作要点，如不虚张声势、不冗长繁重、善用"吸睛"词汇等，详细介绍如下。

1. 不虚张声势

短视频标题是短视频的"窗户"，短视频用户如果能从这扇"窗户"中看到短视频的大致内容，就说明这一短视频标题是合格的。换句话说，就是标题要体现出短视频内容的主题。

虽然标题就是要起到吸引短视频用户的作用，但如果用户被某一标题吸引，查看内容时却发现标题和内容联系得不紧密，或者完全没有联系，就会降低短视频用户的信任度，而短视频的点赞量和转发量也将被拉低。

因此，短视频创作者在撰写短视频标题时切勿"挂羊头卖狗肉"，而应该尽可能地让标题与内容紧密关联，如图 10-7 所示。

2. 不冗长繁重

标题的好坏直接决定了短视频点击率、完播率的高低，因此短视频创作者在撰写标题时，一定要重点突出、简洁明了，字数不宜过多，最好能够朗朗上口，这样才能让观众在短时间内清楚地知道想要表达的是什么。

在撰写标题的时候，要注意标题用语的简短，突出重点，切忌标题成分过于复杂。短视频用户在看到简短的标题的时候，会有比较舒适的感受，阅读起来也更为顺畅。

图10-8所示的抖音短视频标题虽然只有短短几个字，但用户却能从中看出短视频的主要内容，这样的标题重点突出，更有看点。

图 10-7

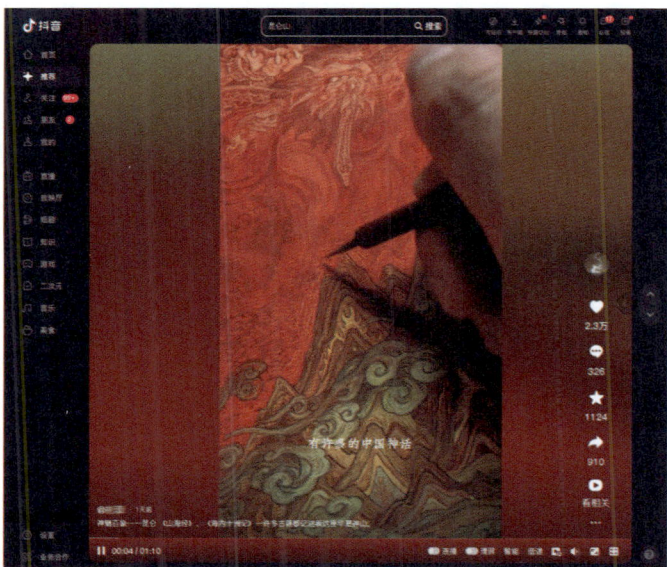

图 10-8

3. 善用吸睛词汇

短视频的标题如同短视频的"眼睛"，起着十分巨大的作用。标题展示着一条短视频的大意、主旨，甚至对故事背景的诠释，标题的好坏影响着短视频数据的好坏。

若短视频创作者想要借助短视频标题吸引观众，就必须使标题有精彩之处，而给短视频标题"点睛"是有技巧的。在撰写标题的时候，短视频创作者可以加入一些能够吸引观众眼球的

词汇，让观众产生好奇心，
如图 10-9 所示。

图 10-9

10.2.2 短视频标题的撰写技巧

好的短视频标题能够使用户停留下来完整地观看短视频内容，为短视频带来流量。因此，短视频的标题非常重要。而遵循一定的原则并掌握一定的技巧能够使短视频创作者更好地创作出优质的标题。

1. 短视频标题撰写的 3 个原则

在撰写短视频标题时，需要参考一些原则。在遵循这些原则的基础上撰写的标题，能够为短视频带来更多的流量。具体介绍如下。

• 换位原则。

短视频创作者在拟定短视频标题时，不能只站在自己的角度去想要推出什么，还要站在用户的角度去思考。

假设你是用户，如果你想知道某个问题的答案，你会用什么样的关键词进行搜索？以这样的思路去撰写标题，才能够让你的短视频标题更加接近用户心理，从而精准地对焦用户人群。

例如，短视频创作者在撰写标题前，可以先将有关的关键词在搜索引擎中进行搜索，然后从排名靠前的标题中找出它们的规律，再将这些规律用于自己要撰写标题的短视频。

• 新颖原则。

遵循新颖原则能够使短视频的标题更具吸引力，若短视频创作者想要让自己的标题形式更加新颖，可以采用以下几种方式，如图 10-10 所示。

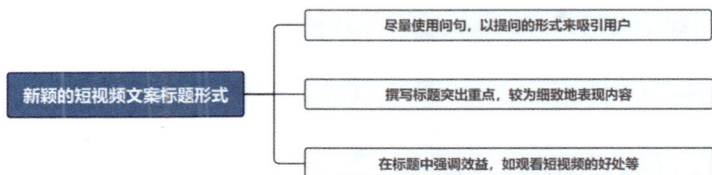

图 10-10

- 关键词组合原则。

通过观察可以发现，能获得高流量的文案标题往往是由多个关键词组合而成的。这是因为只有单个关键词的标题的影响力不如多个关键词的标题。

例如，如果仅在标题中嵌入"面膜"这个关键词，那么用户在搜索时，只有搜索"面膜"这个关键词时，短视频才会被搜索出来。而标题上如果含有"面膜""变美""年轻"等多个关键词，则用户在搜索任意一个关键词的时候，该短视频都会被搜索出来。

2. 重视词根的作用

在撰写标题时，短视频创作者需要充分考虑怎样去吸引目标受众的关注。而要实现这一目标，就需要从关键词着手。因为关键词由词根构成，因此需要更加重视词根的作用。

词根指的是词语的关键组成部分，不同的词根组合可以有不同的含义。例如，标题内容为"十分钟教你快速学会手机摄影"，那么这个标题中的"手机摄影"就是关键词，而"手机""摄影"就是不同的词根。根据词根我们可以写出更多相关的标题，如"摄影技术""手机拍照"等。

用户一般习惯根据词根去搜索短视频，而若短视频标题中恰好包含了用户搜索的词根，那么你的短视频便很容易被推荐给用户观看。

3. 凸显短视频的主旨

俗话说："题好一半文。"有一个好的标题就等于短视频成功了一半。衡量一个标题好坏的方法有很多，而标题能否体现短视频的主旨就是主要参考依据。

如果短视频标题不能够在用户看见它的第一眼就让用户明白它想要表达的内容，那么这条短视频便不容易被用户播放。

因此，短视频创作者为实现短视频内容的高点击量和高效益，在写标题时一定要注重凸显短视频的主旨，紧扣短视频的内容。例如，短视频创作者可以根据脚本概括出一个或两个关键词作为标题，也可以将自己短视频的内容中想要表达的价值在标题中体现出来。

10.2.3　如何使用AI工具撰写短视频标题

如果抛开其他所有影响因素，只看标题，同样是每日美食分享的短视频，你会点开以下哪一条？

- 当然要记录一下呀，又不是天天做饭。
- 已瘦5斤！想告诉全世界这个菜谱！
- 每天都有在好好吃饭噢。
- 打工人菜谱，成本5元就能搞定的家常菜。

不知道你最终选择了哪一个？

不同的标题，即使是相似的内容，从不同角度进行描述，带来的效果也是完全不同的。本小节将介绍6个标题包装的方式。

1. 对号入座式——你的标题，要和用户有关

直接在标题中使用与目标用户相关的标签，方便用户一眼识别并明确：这条短视频与自己相关。标题示例如下。

- 为什么都市女性把运动健身当作救命稻草？
- 已生，告知没生的姐妹，待产包这些就够了！
- 手机摄影，新手如何在下雨天随手拍大片？

可以想想你的目标用户都有谁？你通常如何称呼他们？如果想好了，就可以将用户标签放入标题中，更加精准地吸引用户。

▶提示

在撰写标题时，应注意避免歧视或贬低他人，切勿使用负面用语或进行人身攻击。并且要注意避免使用敏感称呼，不要涉及政治、宗教、种族等。

2. 数字美化式——陌生用户，最怕结论模糊不清

在标题中用具体的数字来表达确定的结果或结论，明确地传达内容的价值和吸引力，标题示例如下。

- 8条秋冬内搭分享！今日份OOTD。
- 坚持养发第828天，我能申请成为你养发的动力吗？
- 用7天搞定100个基础单词！

使用具体数字，让用户能够清晰地想象自己达到目标后的成果，并产生向往和期待。

▶提示

数字应与短视频核心内容相关，例如，如果短视频是关于健身的，可以使用具体的时间和效果的数字来吸引用户。数字要真实可信，不能脱离现实。

3. 强烈对比式——让用户一眼看到差异

将内容与另一个对象或者事物进行对比，强调自身的优势、特点或者价值，从而吸引用户的注意力，提高点击率。一般这类标题的句式是：××与××、比××还……、××前后对比，标题示例如下。

- 刚出的某款电车与其他品牌新出的电车对比。
- 工作前后对比。
- 比刷题还有用的影片，文理科知识全都有。

▶ 提示

用来对比的事物之间的差异要尽可能大，否则很难形成冲击，标题也会缺少吸睛度。例如，"已瘦1.8斤，减肥前与减肥后的对比"，这样的标题很难让用户产生好奇或者向往。

4. 权威借势式——自带光环，更易让人信服

以权威人士、机构或媒体等为佐证，强调短视频的观点、建议或方法的有效性和可靠性。这种标题的句式通常为：××专家推荐、××机构发布的研究报告显示、××媒体报道等。标题示例如下。

- TED每日精读，停止与别人比较。

▶ 提示

引用的权威人士、机构或媒体等需要具有公信力和可靠性。引用的观点、建议或方法等需要经过证实或验证。

5. 场景提问式——让用户的脑海中有画面

通过描述一个具体的场景，提出一个问题或挑战，让用户在该场景中联想到自己，从而吸引用户点击、参与讨论、寻求相同观点，通常句式为：当你遇到×××问题时，你会怎么做？面对×××情况，你是A还是B？标题示例如下。

- 当你的挚爱突然离世，该如何应对？
- 当代打工人的现状，你有这些行为吗？

▶ 提示

提出的问题最好贴合多数人的实际生活，以免让用户产生陌生感。提出的问题不要太过复杂，尽量口语化、生活化，防止用户在点击前就失去了兴趣。

6. "恐惧警告"式——人们天生就厌恶损失

标题可以以引起用户担忧、恐惧或紧迫感的信息为切入角度，让用户因害怕产生某种后果而观看。句式通常为：千万别×××，否则就×××；想避免×××？立即停止做×××。

▶ 提示

用好该方式容易得到高阅读量，但使用时要确保不制造恐慌或误导用户。信息需基于事实，避免夸大其词。

有了以上6种方式，就可以使用AI工具辅助生成合适的短视频标题了。

指令模板

假设你现在是一位经验丰富的抖音【输入赛道】博主，为了吸引【输入用户】人群，准备创作一条短视频，选题为【输入选题】。

请给予选题，提供10个吸睛标题，可参考以下方式。

对号入座式，明确指向某一类用户人群。

数字美化式，使用或强调具体数据。

强烈对比式，呈现某个事物或人物的强烈对比，展示差异。

场景提问式，描述具体场景，让用户产生代入感。

"恐惧警告"式，激发用户的担忧、恐惧情绪。

AI生成的回答如图10-11所示。

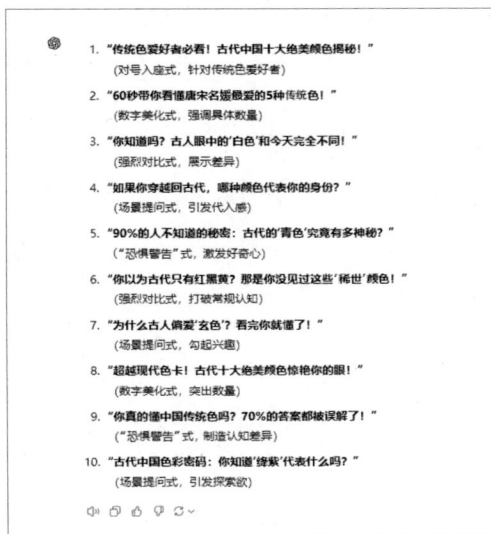

图 10-11

10.3 短视频封面

很多人在制作封面时，非常容易因为封面好不好看而浪费大量时间，最后制作出来的封面却与短视频本身关联不大，很难精准吸引观众注意力，导致短视频的观看量较低。

10.3.1 短视频封面的制作技巧

好的短视频封面能够告知用户信息，并能被用户理解，吸引用户点击短视频。下面将介绍5种短视频封面的制作技巧。

1. 无字冲击感图片

封面采用无字冲击感图片对创作者的要求较高，使用的图片仿佛能说话一样，包含所有要传达的信息，能放大用户的各类情绪，让用户感到特别，如图 10-12 所示。

2. 文字描述+纯底色

如果找不到合适的图片，那就把重心放在文字信息呈现上，如图 10-13 所示。

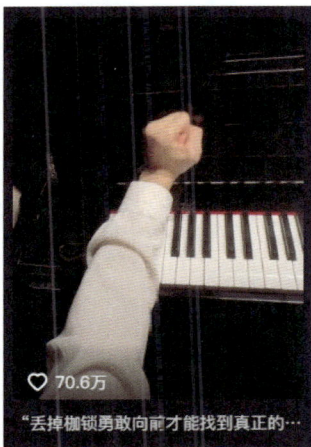

图 10-12

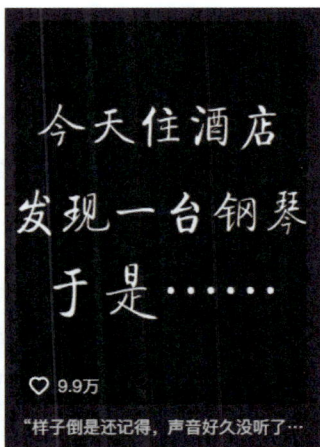

图 10-13

制作这类封面的重点是在封面上放大关键信息，封面文字可直接使用短视频标题或摘取关键词。

3. 文字描述+单张图片

想让封面直观又有趣，就用一张照片加上几个关键词，如图10-14所示。

1万个人心里有1万种审美标准，"文字描述+单张图片"的封面适合有拍摄技巧，但又不想让图片占据全部注意力的创作者。无法确定能否仅靠图片吸引用户停留时，可选一张与主题相关的图片，然后在上面添加一些吸睛的文字描述，既能吸引用户注意，又不会让图片完全占据封面。文字和图片要紧密结合，传达同一信息。

比如，如果你的笔记是关于做家常菜的，可以选一张家常菜图片，再加上"超简单家常菜"这样的文字，让人一看就知道你的笔记是在教大家做家常菜。

图 10-14

4. 多图拼接

觉得封面太单调了？试试多图拼接吧，如图 10-15所示。

挑选几张有关联的图片拼在一起，让人一看就知道你要说什么。拼接的图片应该是同一主题的不同方面，或是同一系列的步骤、过程。这样用户一眼看过去就能大致了解短视频的内容。记得挑选风格一致的图片，保持封面整体的和谐感。

5. 文字描述+多图拼接

"文字描述+多图拼接"的封面制作难度较大，但极易出现热门短视频。

它结合了文字和多图拼接的优点，如图 10-16所示。比如短视频是关于时尚穿搭的，可以挑选几张不同风格的穿搭图片，拼接在一起，再加上"春季必备搭配"这样的文字，这种封面可以让用户在看到文字的同时通过图片获得更多信息。

图 10-15

图 10-16

10.3.2 如何使用AI工具制作短视频封面

本小节主要介绍几个用于快速制作短视频封面的AI工具。

1. 寻找符合要求的图片

- **通义万象：** 阿里云旗下的AI创意作画平台，可以根据描述生成独特的图片，还支持风格迁移，让封面更具个性。
- **无界AI：** 快速生成精美画作的平台，输入想要的主题和风格，几秒后就可以得到满意的结果。
- **文心一格：** 百度的AI艺术辅助平台，能根据关键词智能生成多样化的创意图片，方便用户选择。

这3个平台都可以通过文本描述形成图片。比如需要一只猫的图片，输入"小猫"即可获得。图10-17所示是文心一格生成的一张小猫图片。

2. 套用封面模板

- **稿定设计：** 提供AI智能作图功能，可根据上传的图片和文字自动生成精美的封面。
- **美图秀秀：** 有丰富的模板和素材库，支持一键美化并提供AI设计工具，让设计更加简单。
- **创客贴：** 拥有大量的设计模板和素材，支持多平台使用，方便快捷。
- **可画：** 页面友好，适合快速制作封面。
- **黄油相机：** 以图片编辑和社交为特色，提供滤镜和贴纸，让封面更有趣味。

稿定设计平台的模板如图10-18所示。

图 10-17

图 10-18

这些平台为用户提供了大量模板，包含一般制作封面需要的花字、抠图、排版等功能，读者可以根据个人习惯进行选择。

使用封面模板的技巧如下。

- **选择合适的模板**：根据短视频主题挑选合适的模板。
- **调整图片大小**：确保图片大小和比例符合短视频封面要求，避免图片被裁剪、压缩或拉伸，不同平台的封面要求不一样，例如抖音上常见的封面比例是9:16。
- **添加个性文字**：使用独特的字体和颜色让封面文字脱颖而出，新手应尽量遵从三色原则（至多使用3种颜色），避免封面过于杂乱。
- **利用抠图功能**：将人物或产品单独抠出，放在吸引人的背景上，增强视觉冲击力，打造用户记忆点。
- **预览并调整**：在发布短视频前预览封面，确保一切元素都协调一致，没有遗漏或错误。

10.4　了解变现的相关内容

短视频运营者还可以借助一些技巧来提高粉丝的关注度，具体可以通过各种社交互动方式让流量主与粉丝的关系更加深入，让信息的流动性更强，从而实现短视频运营的变现。

10.4.1　构建私域流量池

《连线》（*Wired*）杂志的创始主编凯文·凯利（Kevin Kelly）提出了"一千个'铁杆粉丝'理论"。他认为："只需拥有1000名铁杆粉丝，也就是无论你创作出什么作品，他/她都愿意付费购买的粉丝，你便能糊口。"这句话意在说明获取粉丝信任的重要性。

如今，打造个人品牌已经不再是名人和企业家的福利，每个人都可以通过互联网用自己的独特之处来吸引观众，通过给大家分享有价值的内容来实现粉丝经济变现。

私域流量的出现打破了传统的商业逻辑，产品买卖不再是一次性的交易。运营者可以通过各种私域流量平台来吸引粉丝，并且聚集和沉淀产品的目标消费人群，并将这些用户转化为自己的铁杆粉丝，构建数据池。

另外，随着信任关系的不断增强，运营者还可以用存量来带动增量，并且将流量转化为"留量"，即私域流量池中留下的有深度互动的用户资源。如果粉丝人群是流量的表现，那么铁杆粉丝就是"留量"的代表。

▶ 提示

私域流量是相对于公域流量的一种说法，其中"私"指的是个人的、私人的，与公域流量的公开性相反；"域"指的是范围，即这个范围到底有多大；"流量"则是指具体的数量，如人流数、车流数或者用户访问量等。

构建私域流量池可以采取以下几种方法。

- **添加线下好友：** 运营者可以拓宽思路，从线下添加好友，这也能起到宣传的作用。
- **利用"鱼塘理论"：** "鱼塘理论"将用户比喻为一条条游动的鱼，他们聚集的地方就像鱼塘。运营者可以通过社交应用中的各类组织，如微信群、豆瓣小组等，找到与视频内容相关的人群，使其成为自己的粉丝。
- **添加相应的群好友：** 当运营者找到并进入相应的精准微信群、豆瓣小组之后，就可以添加群里面的成员为自己的好友，并打造自己的私域流量池了。

当运营者添加了群内的好友后，切记不可置之不理，一定要多与他们进行交流互动。运营者在与好友交流时，首要原则是保持真诚，秉持交朋友的态度与其进行交流。

10.4.2　流量裂变实现增值

一般来说，运营者在拥有了一定的粉丝之后，要成功地经营账号并不难。但是要如何将粉丝们有效地结合在一起，提高短视频流量呢？运营者可以创建一个群聊。以抖音为例，短视频运营者在有了一定的粉丝基础之后，可以通过创建抖音群聊的方式，将众多粉丝聚集到一起，作为运营者联系粉丝的入口。运营者可以通过群聊将新产品、今日活动、优惠福利等信息通知每一个粉丝，增加粉丝或者潜在用户的黏性。

原有的粉丝是运营者的主要流量来源，运营者需要重点维系好与原有粉丝的关系，将原有的粉丝流量快速裂变，实现流量增值。具体来说，运营者可以采取以下措施，如图 10-19 所示。

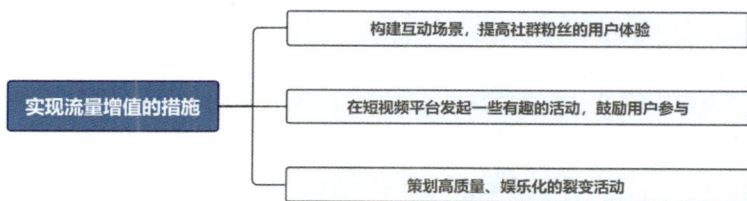

图 10-19

运营者可以在页面中添加裂变红包插件，这样用户每次在活动中抽得一次红包奖励，就可以收获相应的裂变红包。裂变红包对营销活动有很好的推动作用，能够激发用户参与，极大地提升活动的分享率，使其传播范围更广。

10.4.3 个人IP实现变现

通过引流可以慢慢积攒自己的私域流量，也许可以收获一批流量红利，但往往非长久之计。因此需要同时打造自己的个人IP，结合私域流量和个人IP来实现更加长久的变现运营。

具体来说，短视频运营者打造个人IP有以下几个步骤。

1. 定位个人IP

定位个人IP即平常所说的产品定位，通过打造的IP来告诉粉丝能为他们带来什么价值。个人IP要有明确清晰的定位，不仅做垂直领域的内容，而且要用更好的创意来另辟蹊径，开发全新的领域。定位个人IP包含3个方面的内容，具体如下。

- **确定个人IP的基本类型：** 短视频运营者在打造个人IP时，共有3种类型，如图 10-20 所示。

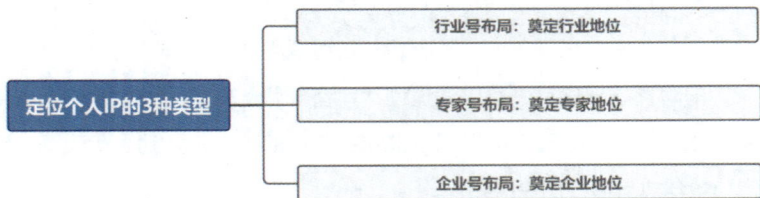

图10-20

- **确定个人IP的用户定位：** 在私域流量和个人IP结合运营的过程中，用户定位是至关重要的一环。应了解平台针对的是哪些人群，他们具有什么特征等问题，在了解用户特征的基础上进行用户定位。用户定位一般包括以下3个步骤。

①数据收集：运营者可以通过一些短视频平台后台提供的数据来分析用户属性和行为特征，包括年龄段、性别、收入和地域等，从而大致了解自己的用户群体。

②用户标签：在获得相关的用户基本数据后，根据这些数据来分析用户的喜好，给每一个用户打上标签，并进行分类，洞悉用户需求。

③用户画像：从用户属性中抽取典型特征，完成用户的虚拟画像，构成平台的各类用户角色，以便进行用户细分。

接下来运营者就可以在短视频内容中合理植入用户偏好的关键词，以便让内容被更多的用户搜索和喜欢，从而促进个人IP的发展和壮大。

- **打造个人IP的"斜杠身份"：** 运营者可以根据用户定位来打造个人IP的"斜杠身份"，关注用户的喜好。打造"斜杠身份"的技巧如图10-21所示。

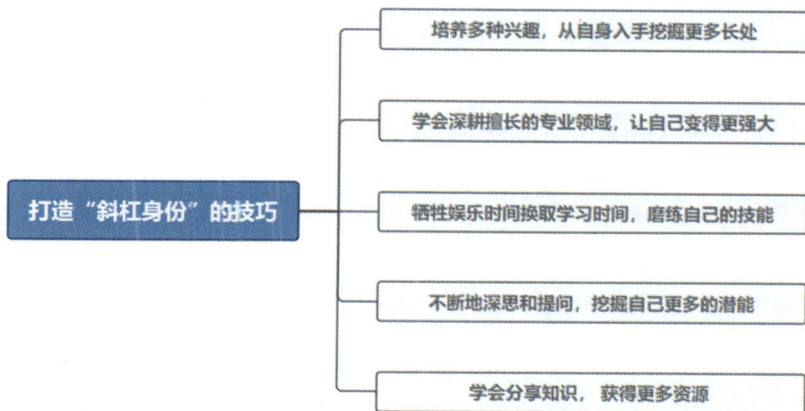

图 10-21

2. 打造个人IP产品

个人IP产品的打造与自媒体是不同的，自媒体通常为单点机制，致力于单一产品的打造；而个人IP则更强调生态，因此需要强大的产品矩阵来支持其私域流量的变现。

对于短视频运营，打造个人IP产品相当于创建自己的内容品牌，制作出不一样的短视频内容，以快速实现私域流量的变现。例如短视频运营者以图文、影音等形式来传播个人IP的品牌文化和价值卖点，借此吸引粉丝注意力，从而达到引流私域流量的目的。

3. 个人IP变现

短视频的个人IP变现主要是通过短视频输出有价值的内容，获得一定数量的私域流量或影响力来实现的。例如，有些短视频平台推出了一些付费视频或课程，可以帮助短视频运营者获得一些利益。

此外，运营者可以通过有偿帮助企业或品牌传播商业信息，参与各种公关、促销、广告等活动，促进产品的销售，并美化企业或品牌的形象，以此获得代言或代销的费用。

10.4.4　稳固粉丝的方法

稳定的粉丝是短视频运营获益的途径之一，因此运营者要以粉丝为中心输出，拍摄与粉丝相关的短视频。具体来说，运营者可以掌握以下技巧来稳固粉丝。

1. 以满足用户需求出发

短视频运营者要有针对性地解决用户的痛点，才能抓住用户。运营者首先要与用户进行沟通交流，了解用户需要解决什么样的问题，然后再推荐相关的产品或制作相关的视频内容，真正地站在用户的角度为其着想，得到用户的信任，这样才能使用户成为自己的粉丝。

2. 多互动以增强用户黏性

为了与自己的粉丝形成一个比较稳固的关系，短视频运营者应该尽量多与粉丝进行互动，赢得粉丝的好感，并且要提升自己的"存在感"，关心自己的核心粉丝。回复粉丝的评论是最有效的方法之一。在短视频平台的评论区，运营者应尽量回复粉丝的评论以表尊重。为此，运营者需要注意图 10-22 所示的问题。

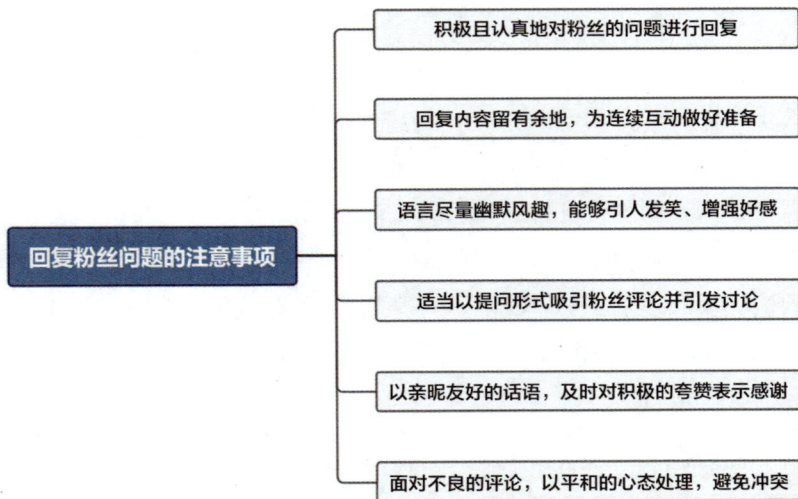

图 10-22

3. 以真挚情感打动粉丝

运营者在制作短视频时，如果只是循规蹈矩地发一些无趣的广告，可能会引起反感。如果对广告内容加以修改，添加一些可以吸引人眼球的元素，那么吸引粉丝的概率就会高很多。

一般来说，最能够引起人们注意的话题自然就是"感情"。用各种能够触及对方心灵的内容来吸引人，也就是所谓的"情感营销"。如今，由于物质生活的不断丰富，大家在购买产品时，不仅看重产品本身的质量与价格，还会追求精神层面的满足、心理认同感。情感营销正是利用了用户这一心理，将情感融入营销，唤起消费者的共鸣，把营销这种冰冷的买卖行为变得有血有肉。

因此，在制作短视频时，运营者也应该抓住用户对情感的需求，不一定非要是"人间大爱"，任何形式的、能够感动人心的内容都可能触动不同用户的心灵。

4. 跟踪用户的方法

无论制作何种类型的视频，运营者都应该尽量做到持续跟踪用户，让对方感受到自己的诚意。那么如何才能做到有效跟踪呢？下面为大家介绍3个技巧。

- **独辟蹊径寻找跟踪方式：** 只有"不一样"才能让对方留下深刻的印象。例如，大部分运营者通过在评论区或发私信与粉丝互动，因此可以尝试写一封信与用户进行交流，手写的文字相比于网络上的交流会更有温度，更显运营者对粉丝的用心程度。
- **找到合适的对话主题：** 在跟踪用户的过程中，运营者每一次与用户交谈或发布内容都需要有一个合适的主题。例如，涉及产品推荐的视频，直接介绍产品略显生硬，运营者可以尝试写一个与产品相关的故事脚本，将其拍摄出来并在其中嵌入产品的使用等，以此达到推荐产品的效果，这样能更容易令用户接受。
- **注意跟踪的时间间隔：** 跟踪用户的时间间隔也是一个需要仔细思考的内容，因为时间间隔太短会让人厌烦，太长又容易让对方忘记自己的存在。一般来说，以2~3个星期为间隔进行跟踪调查是比较好的选择。例如，短视频运营者有固定的发布时间，可以在发布2~3条视频的时间间隙中，尝试发放一次"宠粉福利"，让粉丝感受到运营者的诚意等。

▶提示

运营者在跟踪调查时不要显露出太强烈的营销欲望，确保跟踪的主要目的是帮助用户解答关于产品或服务的问题，或者是去了解用户，明确用户需求，从而为他们创造价值。

5. 多平台引流拓展用户

如今，有很多可以发布短视频的平台，如抖音、哔哩哔哩、小红书、快手等，短视频运营者可以同时注册多个平台的账号，拓展更多的可能性，挖掘更多的粉丝。图 10-23 和图 10-24 所示为多平台引流示例，这位运营者分别在抖音和小红书开通了账号，并在每个平台都吸引了大量的粉丝。

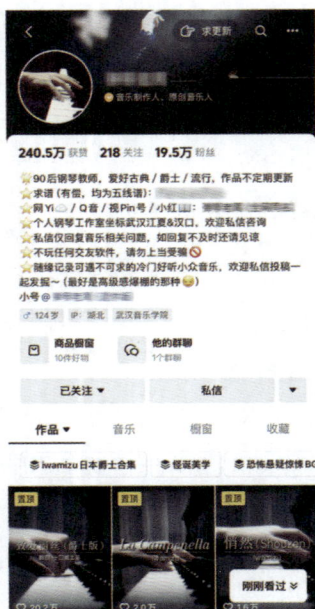
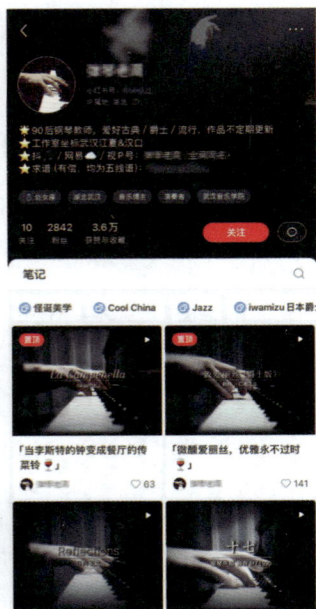

图 10-23   图 10-24

6. 鼓励用户提出建议进行反馈

短视频运营者应该不断听取用户的建议，不断完善视频的制作，最终形成自己的特色，从而吸引更多的用户。

用户的建议对短视频运营者来说具有至关重要的作用。他们通常会说明他们真正需要的是什么、短视频还欠缺什么，以及哪些没有做到位。运营者在面对用户的建议时，以下 3 个原则是必须遵守的。

- **鼓励用户主动建议：** 运营者需要主动鼓励用户提出一些不满意或者他觉得还可以完善的地方，并且向用户表明会重视他提出的意见，甚至可以给那些提出好建议的用户提供奖励。
- **认真听取用户建议：** 一旦用户提出了建议，运营者要做的就是认真记录这些信息，表明自己对这些信息的重视，绝不能随意敷衍。运营者还应该深入分析造成这个问题的原因，要如何做才能解决这个问题，拟定具体的实施方案。
- **落实用户的建议：** 如果收集建议之后没有立马去落实，那么听取建议的过程就没有任何意义，短视频制作也可能得不到最优的效果，甚至当有些用户发现自己的建议没有被重视的时候，可能失去再次提建议的兴趣。所以，运营者在听取建议之后，一定要迅速总结出解决方案并落实，争取在最短时间内让用户看到你的改变，提升用户的信任度与好感度。